日本の安全保障と税制・財政

髙沢 修一［著］

財経詳報社

まえがき

　現在，ロシア・ウクライナ戦争が勃発し台湾危機が迫るなか，日本の安全保障の危機が叫ばれている。しかし，安全保障は，軍事的防衛（以下，「国防」とする）よりも広い概念であるため定義を明らかにすることが難しいが，国家が主体となって国家及び国民を守るため軍事的手段により紛争や戦争が起きないように未然に防衛することであると捉えるならば，日米の防衛協力や防衛省自衛隊の存在が大きい。

　日本は，明治期から多くの国際紛争や対外戦争に対峙する立場にあり幾多の国難を乗り越えてきたが，国際紛争や対外戦争の都度，日本の安全保障を支えてきたのが，税制・財政の存在である。なぜならば，近現代日本は，国防のため日清戦争・日露戦争が勃発した明治期，シベリア出兵と軍拡・軍縮が行われた大正期，日中戦争・アジア太平洋戦争を経て戦後復興した昭和期，湾岸戦争を契機に防衛論争が生起した平成期，そして，国防策を転換した令和期という安全保障上の分岐点を経てきたが，その都度，国家の安全保障を支えてきたのが税制・財政の存在だからである。

　近現代日本における初めての国防策の転換期は，鎖国から開国へと国策を転じた明治維新であるが，明治維新は，幕末の尊皇攘夷運動を発端とするナショナリズムが形成された時代であり，やがて明治期の日本政府は，日清戦争・日露戦争という未曾有の国難に遭遇する。そのため，本書では，第1章において研究目的について示し，第2章において，明治期の安全保障と税財政改革について考察した。また，第3章では，国際的な緊張のなかで陸海軍の軍拡と軍縮が行われた特異な時代である大正期の安全保障と軍拡・軍縮について考察し，第4章では，アジア太平洋戦争の敗戦から驚異的な復興を遂げた希有の時代である昭和期の安全保障と戦後税財政について考察した。そして，第5章では，湾岸戦争の勃発に伴いPKO法が成立し，集団的自衛権行使容認の閣議決定がなされた平成期の安全保障と行財政・経済政策について考察し，第6章では，現代の国防策と税制改革による国防のための財源創出の可能性を模索し，現代

の安全保障と税財政問題ついて検証した。そして，第7章では，総括と提案を行った。

　将来的に，日本の人口は，大きく減少することが予測されるが，人口の減少と高齢化の進展は歳入を支える租税収入の落ち込みに繋がる。そのため，政府の果たす役割の重要性は益々増すことになる。例えば，アダム・スミス（Adam Smith）は，夜警国家論を提唱し，政府の介入を基本的人権に限定するとともに政府の介入対象の範囲を国防や治安維持等の純粋公共財に定めるべきであると説明する。しかし，夜警国家では，政府が行政サービスや国防を担うことになるため，行政サービスや国防における財源である租税の存在意義が必然的に高まる。しかし，特例国債（赤字国債）に依存する現状の財政構造では，国防上の財政負担に耐えることは難しく，新たな財源確保のために消費税や法人税等の税制改革が求められるのである。

　また，第二次安倍晋三内閣は，憲法第9条の解釈変更を選択したが，その根拠として挙げられるのが，砂川事件における最高裁判所の判決である。例えば，砂川事件判決において，憲法第9条は，「日本国が主権国として有する固有の自衛権を否定していない」と判示されている。国際法上も，集団的自衛権は，国連憲章第51条の個別的又は集団的自衛の固有の権利という条文を拠りどころとして容認されており，国連憲章が発効する以前から国際法上の慣習として認められていた権利である。そのため，安倍晋三内閣は，自衛隊の海外での武力行使及び他国軍に対する後方支援を認めることにより，従来の専守防衛の国防策を大きく転換し前進させたのである。そして，安倍内閣の後を継いだ岸田文雄総理大臣は，三木武夫内閣が定めた「防衛費は国民総生産（GNP）比1％とする」という政府方針を撤廃し，令和9（2027）年までに防衛費を国内総生産（GDP）比2％に増額する方針を定めて新防衛3文書を閣議決定した。

　また，米国には，永らく同盟国への対応の見直しと米軍再編の動きがあり，日本が永久に米軍の傘の下に安住できる保障はないのである。そのため，本書では，新たな防衛財源の確保を目的として，消費税インボイス制度の導入による益税問題の解消や多国籍企業における租税回避問題等の現代の税財政問題について検証した。しかし，消費税や法人税等の税制改革だけでは限界があるため，本書では，少子高齢化・若年労働者の減少に伴う新時代に適応した国防支出の資本集約化や人工知能（AI）との共生による国防策についても提唱したの

である。

　現在，日本の人口動態は，未曾有の少子・高齢化の状態を迎えており，例えば，厚生労働省国立社会保障・人口問題研究所の『日本の将来推計人口（平成24年1月推計）』に拠れば，「2010年に1億2,806万人であった日本の人口は2048年には1億人を下回り，50年後の2060年には2010年時点よりも32.3%（4,100万人）少ない8,674万人まで落ち込む」と報告されている。そのため，恒久的な財政安定と国防費の確保のためには，納税意欲が高く高所得が期待できる「移民」をシンガポールのように積極的に受け入れるとともに，外国人労働者（移民）の雇用を積極的に行う企業を対象として外国人雇用税を課税することを検討するべきである。すなわち，日本は，安全保障と税制・財政を再考するべき重要な分岐点にさしかかっているのである。よって，本書では，近代から現代までの史的分析により日本の安全保障と税制・財政の関係について考察し，新たな国防のための財源の確保と新防衛システムの構築について提案したのである。

　また，刊行に際しては，大学及び学会関係者の皆様に御礼申し上げると共に研究活動を支えてくれた家族と亡友にも感謝したい。そして，出版事情が厳しい折りにもかかわらず，本書の出版を引き受けて頂いた株式会社財経詳報社代表取締役社長の宮本弘明氏とスタッフの皆様に御礼申し上げたい。

　なお，本書は，『近現代日本の税財政制度』（財経詳報社，2019年）を修正加筆した内容であるが，『近現代日本の国策転換に伴う税財政改革』（大東文化大学経営研究所，2017年）と「経営論集」（大東文化大学経営学会）掲載論文も参考にしている。

2024年3月

髙　沢　修　一

目　次

まえがき

第1章　序　論 ……………………………………………………………………… 1

第2章　明治期の安全保障と税財政改革 …………………………… 10

はじめに ……………………………………………………………………………… 10

第1節　明治期：前期の国防策と軍事財政 …………………………………… 11
　（1）明治維新の性格と維新草創期の財政状態 ………………………… 11
　（2）明治期の税制改革としての地租改正の評価 ……………………… 14
　（3）西南戦争と大隈重信の積極財政・松方正義の緊縮財政 ………… 18

第2節　明治期：後期の国防策と軍事財政 …………………………………… 19
　（1）日清戦争開戦と臨時軍事費特別会計の創設 ……………………… 19
　（2）明治20年及び明治32年の所得税法改正 …………………………… 23
　（3）日露戦争開戦と酒税税則の改正・軍費調達 ……………………… 24
　（4）日露戦争時の明石元二郎と満州義軍の後方攪乱工作 …………… 29

第3節　日清戦争・日露戦争の戦後処理と論功行賞 ……………………… 33
　（1）日清講話条約の締結と日露講和条約の締結 ……………………… 33
　（2）日清戦争・日露戦争における軍功華族の叙爵 …………………… 33

第4節　明治期の台湾領有・韓国併合による植民地経営 ……………… 34
　（1）台湾総督府の特別統治主義と製糖業の近代化 …………………… 34
　（2）韓国併合において日英同盟が果たした役割 ……………………… 35

（3）朝鮮総督府の設置・朝鮮貴族の創出と特別会計 …………………… 36

（4）朝鮮総督府統治下の産業発展と低租税負担率…………………… 38

（5）朝鮮人留学生の陸軍士官学校での皇民化教育…………………… 40

第5節　明治期の兵器商社による外貨獲得 ………………………… 43

第6節　明治期の島嶼部領有と国境線確定 ………………………… 44

（1）小笠原諸島の領有宣言と先占の法理……………………………… 45

（2）日魯通行条約と樺太千島交換条約の締結 ……………………… 45

（3）琉球処分・尖閣諸島の領有と沖縄税制………………………… 47

（4）先島諸島における人頭税の残滓 ………………………………… 50

小　括 …………………………………………………………………… 52

第3章　大正期の安全保障と軍拡・軍縮 ………………… 57

はじめに …………………………………………………………………… 57

第1節　大正期の国防策と軍事財政……………………………………… 58

（1）シーメンス海軍贈収賄事件による八八艦隊計画の頓挫………… 58

（2）第一次世界大戦参戦に伴う成金出現・戦時利得税課税………… 58

（3）シベリア出兵時の航空兵力拡充方針と陸軍機密費事件………… 60

第2節　大正期の国防策の特異性………………………………………… 62

（1）第一次世界大戦後の軍拡が生起した日米の建艦競争…………… 62

（2）山梨半造陸軍大臣及び宇垣一成陸軍大臣の軍縮………………… 63

（3）ワシントン海軍軍縮条約と南進論・南洋貿易………………… 65

（4）海軍軍縮下の揚子江における河川砲艦による砲艦外交………… 67

第3節　治安維持法による過激社会運動の取締り ………………… 69

（1）第一次世界大戦の好景気による米騒動の発生…………………… 69

（2）日ソ基本条約の締結と治安維持法の制定……………………… 69

（3）植民地の司法・行政を担った憲兵警察制度…………………… 71

小　括 ……………………………………………………………………… 72

第4章　昭和期の安全保障と戦後税財政 ……………………… 75

はじめに …………………………………………………………………… 75

第1節　アジア太平洋戦争終戦前の国防策と軍事財政 …………… 76
（1）昭和恐慌後に登場した高橋是清の積極財政 ………………… 76
（2）満州国建国・国際連盟脱退と二・二六事件の勃発 ………… 77
（3）十五年戦争を支えた財閥資本と支那事変特別税法 ………… 78
（4）ABCD包囲網・開戦とアジア太平洋戦争の評価 …………… 82

第2節　アジア太平洋戦争終戦後の景気変動と財政政策 ………… 84
（1）経済安定9原則・Dodge Lineと平和条約調印 …………… 84
（2）朝鮮特需による戦後復興及び戦後の景気サイクル ………… 84
（3）プラザ合意及びルーブル合意の役割 ………………………… 87
（4）特例国債（赤字国債）の発行と財政民主主義の問題点 …… 88

第3節　日米安全保障条約の調印と国防力の強化 ……………… 92
（1）日米安全保障条約調印と警察予備隊令施行 ………………… 92
（2）憲法第9条下で許容される武力行使と自衛隊の誕生 ……… 92

第4節　与党・自由民主党による外交政策と経済政策 …………… 96
（1）新安全保障条約締結と沖縄返還協定締結 …………………… 96
（2）所得倍増計画と日本列島改造論 ……………………………… 97

第5節　シャウプ使節団の来日による税制改正 ………………… 98
（1）申告納税制度の整備による課税の公平性の実現 …………… 98
（2）シャウプ勧告の是正と法定相続分課税方式の導入 ………… 100

第6節　日本国憲法下の皇室経済と天皇家の相続 ……………… 103
（1）明治憲法の会計と日本国憲法の財政の比較 ………………… 103
（2）戦後の皇室経済と皇室財産及び皇室費用の評価 ………… 105

（3）昭和天皇の崩御に伴う天皇の相続税の申告納税 …………………… 108

補　節　昭和58年度税制改正による事業承継税制の導入…………… 109

小　括 ……………………………………………………………………… 110

第5章　平成期の安全保障と行財政・経済政策 …………………… 116

はじめに ……………………………………………………………………… 116

第1節　平成期の国防策と集団的自衛権の容認 ……………………… 117
（1）湾岸戦争の勃発に伴う PKO 法成立 ……………………………… 117
（2）集団的自衛権行使容認の閣議決定 ……………………………… 118
（3）憲法第9条の解釈変更とその根拠 ……………………………… 119
（4）国際法上の集団的自衛権の解釈 ………………………………… 120

第2節　第二次安倍晋三内閣の経済政策 ……………………………… 121
（1）アベノミクスの三本の矢の効果 ………………………………… 121
（2）アベノミクスに対する評価と批判 ……………………………… 122

第3節　地方分権改革と地方創生の重要性 …………………………… 123
（1）地方分権改革と法定外目的税の創設 …………………………… 123
（2）地方自治体における公会計制度改革 …………………………… 125
（3）ふるさと納税の算出方法 ………………………………………… 126
（4）ふるさと納税の受入額・受入件数と問題点 …………………… 127

第4節　公平・公正な社会を実現するための基盤構築 …………… 129
（1）平成28年度税制改正による課税ベース拡大 ………………… 129
（2）マイナンバー制度の導入意義と役割 …………………………… 129
（3）地球温暖化防止京都会議開催及び環境税創設 ………………… 131

小　括 ……………………………………………………………………… 133

第6章　現代の安全保障と税財政問題 ……………………………… 137

はじめに ……………………………………………………………… 137

第1節　現代の国家財政と地方財政の課題 …………………………… 138
（1）プライマリーバランスと防衛・安全保障 ……………………… 138
（2）社会保障：こども・子育て政策の問題 ………………………… 139
（3）地方交付税における不交付団体の増加 ………………………… 140

第2節　現代の国防策と防衛費の財政負担 …………………………… 142
（1）防衛費1％の撤廃と新防衛3文書の閣議決定 ………………… 142
（2）純粋公共財としての国防（軍事的防衛）の在り方 …………… 144
（3）防衛費財源に財政投融資の特別会計の剰余金活用 …………… 146
（4）在日米軍駐留経費と思いやり予算の関係 ……………………… 147
（5）米国の戦略思想に応じた同盟国の財政負担 ………………… 148

第3節　税制改革による防衛財源の創出可能性 …………………… 150
（1）消費税のインボイス方式導入と益税問題 …………………… 150
　①　インボイス方式の計算方法及び長所・短所　150
　②　インボイス導入による益税問題の検証　152
　③　東アジア諸国のインボイス制度の分析　155
（2）法人税制度における諸問題の検証　157
　①　宗教法人の収益事業課税と脱税問題　157
　②　欠損金繰越控除が生み出す赤字会社　160
　③　連結納税制度の問題点とグループ通算制度の導入　163
（3）多国籍企業における租税回避問題の分析 …………………… 164
　①　外国子会社合算税制を巡る訴訟の動向　164
　②　移転価格税制を巡る令和元年税制改正　165
　③　過少資本税制の適用を巡る最高裁判決の検証　166
　④　租税条約交換協定とトリーティーショッピング　167
（4）財産評価基本通達総則6項の適用基準の明確化 …………… 169

小　括 ……………………………………………………………… 171

第 7 章　結　論 ………………………………………………… 178

はじめに ……………………………………………………………… 178

第 1 節　総括：近現代日本の国防と税制・財政の関係 ……………… 178
（ 1 ）日清戦争・日露戦争が勃発した明治期の税財政分析…………… 178
（ 2 ）シベリア出兵と軍拡・軍縮が行われた大正期の税財政分析…… 180
（ 3 ）日中戦争・太平洋戦争及び戦後の復興期の税財政分析………… 181
（ 4 ）国防策が大転換された平成期及び現代の税財政分析…………… 184

第 2 節　提言：少子高齢化時代における財源確保と防衛整備……… 186
（ 1 ）財政移民貢献論に基づく移民政策と新たな財源の確保………… 186
（ 2 ）日英円滑協定署名と馬毛島・自衛隊施設整備の重要性………… 189
（ 3 ）国家戦略としての安全保障上のシーレーン防衛の必要性……… 192
（ 4 ）AI と人間の共生が生み出す無人防衛システムの導入効果……… 197

小　括 ……………………………………………………………… 199

事項索引 ……………………………………………………………… 203

第1章 序 論

　安全保障は，軍事的防衛（以下，「国防」とする）よりも広い概念であるため定義を明らかにすることが難しいが，「国家が国家や国民を軍事的手段（国防）により紛争や戦争が起きないように国家が主体となって予防・対処する政策を表わす概念であり，それに関わる限りにおいて経済その他の分野が関連する」[(1)]と説明される。近現代日本は，明治期から多くの国際紛争や対外戦争に対峙する立場にあり幾多の国難を乗り越えてきたが，その都度，国防を支えてきた存在が税制・財政である。

　現在，ロシア・ウクライナ戦争が勃発し台湾危機が迫るなか，日本の安全保障上の危機が叫ばれているため，本書では，日本の安全保障と税制・財政の関係について史的分析するとともに将来の安全保障像と税財政の在り方について論じた。そのため，本書では，まず，第2章で，明治期の安全保障と税財政改革について検証した。鎖国から開国へと国策を転じた明治期は，ナショナリズムが形成された時代であるが，このナショナリズムについては幕末維新期の尊皇攘夷運動を発端とするものでなく，民衆による政治参加の萌芽が窺える明治期の自由民権運動を待って初めて形成されたとする考え方もある[(2)]。確かに，幕末維新期の尊皇攘夷運動における主役は民衆であるという見解は傾聴に値する。しかし，本書では，明治維新を討幕という国内革命を目論む下級武士たちの主導の下，民衆をも巻き込んだイデオロギーの発露であると考えたい。そして，幕末維新期に登場したナショナリズムは，明治維新の原動力となったイデオロギーであり天皇制の形成過程や国体論とも関係し人心収攬という点で大きな役割を果たしたのである[(3)]。

　また，ハンス・コーン（Hans Kohn）は，ナショナリズムをフランス革命に代表される自由主義的ナショナリズムとナチズムに代表される非合理的ナショナリズムに区分し，ナショナリズムの根底には個人の忠誠心が存在していると説明する[(4)]。このハンス・コーンの考えにしたがえば，万世一系の天皇の下に

おける皇民教育と国家に対する個人的忠誠心に基づく軍事行動は，明治期のナ
ショナリズムを形成するうえで有効な手段であったと考えられる。明治22
（1889）年2月11日に，明治憲法が発布され，明治23（1890）年10月30日には教
育勅語が渙発されたが，教育勅語の下賜と御真影の奉拝式は，天皇の神聖性・
不可侵性を国民の間に浸透させるという皇民教育を行うことを目的として政治
的に演出された儀式であり，「『教育勅語』奉読式の挙行は，国家的共同性への
滅私奉公的な参与を自明視する『臣民』意識，即ち，国家が強制する事柄を強
制とは感じることなく，却って自主的に崇拝・恭順の対象と思念するような共
同的意思を涵養するための格好な方策として機能した」[5]のである。

　一方，明治期：前期の税財政改革に視点を移すと「地租改正」の存在が大き
い。地租改正とは，政府が断行した税財政改革のうちで特に画期的な大改革で
ある。つまり，政府が財政的基盤を確立するためには，その租税収入の大部分
を占める地租の徴収組織を整備して収入を確保しなければならなかった。換言
すれば，政府としては，年貢とは異なり豊凶や米価の変動に煩わされることの
ない安定した税収である地租収入を能率的に得なければならず，しかもその収
入は貨幣経済の発展に応じて貨幣で確保することが求められ，さらに，租税収
入は，四民平等の立場を提唱する中央集権国家を標榜するうえで，全国から公
平的，統一的及び画一的に徴収することが求められたのである。そして，明治
期の財政における「酒税」の存在も重いものであった。実際に，明治期は，酒
造家が数多く誕生した時代であり，明治9（1876）年には，全国に26,078名の
酒造家が誕生し，明治維新時には300万石程度であったと推定される全国造石
高は，明治10（1877）年には500万石を越えている[6]。そのため，酒税は，「明
治32（1899）年には地租を抜き首位にたち，明治35（1902）年には酒税一税だ
けで42％となり直接税（三税）を上回るほどになり，明治20（1887）年に導入
されたばかりで金銭的に未だ少ない所得税を除けば酒税のこの間の増加率は四
倍であって一番高く，増分寄与率は六割近いものになる」[7]のである。すなわち，
明治政府の財政基盤は，「地租」と「酒税」に依存するという極めて脆弱なもの
であった。例えば，地租の内国税に占める比率は，明治10（1877）年から明治
40（1907）年にかけては86％から35％まで減少したが，逆に，酒税の内国税に
占める比率は7％から33％にまで増加しており，地租と酒税が明治政府の重要
な財源として認識されていたのである。しかし，日本が，西欧列強に伍して安

定した国家運営を行うためには，地租と酒税に依存する財政体質から脱却し新たな財源を確保しなければならなかった。

　既述のように，明治期の政府の財政基盤は極めて脆弱な状態であったため，政府は，民力の向上をはかることを目的として明治6（1973）年に内務省を設立して官営模範工場を管轄させ，札幌に北海道開拓使を設置して殖産興業に努めた。後日，これらの官営模範工場は民間に払い下げられている。つまり，政府は，世界資本主義下の後進国として欧米列強に追いつくためにも殖産興業を目的として官営模範工場を設立し，徴兵制の整備や陸海軍の創設及び軍備増強等の富国強兵策を進めたのであるが，これらの諸政策を実現させるためにも新たな財源を確保しなければならず植民地経営は魅力的であった。この海外派兵に対しては，帝国主義下の侵略戦争であるという批判がある一方で，欧米列強の支配下にあったアジア諸国の独立運動の一助になったとの評価もある。

　また，明治期の日本は，西郷隆盛を盟主とする西南戦争という国内動乱を経て日清戦争及び日露戦争という対外戦争に参戦するが，福沢諭吉，徳富蘇峰，高山樗牛，陸羯南という明治期を代表する知識人と新聞等の報道機関は，日清戦争という日本が経験する初めての本格的な対外戦争に対して肯定的な見解を示しており，知識人たちの好意的な言論は国民の戦意を高揚させるとともに日清戦争の戦費となる内国債を集めるうえで効果的であった。そして，日本における帝国主義の確立過程において日英同盟の影響も見逃すことはできない。なぜならば，日英同盟は，韓国併合を容認しただけでなく，日本に西欧列強の一員としての自覚を促したからである。

　当初，明治期の日本政府は，日露戦争を遂行するに際して，「臨時軍事費特別会計」を創設し，軍費の殆どを内国債で賄おうと試みた。しかし，日露戦争のように戦争規模が巨大化すると内国債にのみで戦費調達することは難しかった。そのため，真に国力を傾注した戦争であると評された日露戦争では，日本銀行副総裁の高橋是清をロンドンに派遣して外債募集を行わせたのであるが，外債募集は容易なものではなかった。高橋がアメリカ在住のユダヤ人銀行家ジェイコブ・ヘンリー・シフ（Jacob H. Schiff）と出会い，外債募集に成功しなければ日露戦争の勝利はなかった。つまり，日本政府のロンドンにおける外債募集は，ジェイコブ・ヘンリー・シフの積極的支援がなければ不可能であり，そのため，高橋はシフのことを正義の士として称えているのである[8]。しかし，

シフと高橋の出会いは偶然の産物などではなくシフが意図したものであり，シフの高橋への接近理由としては外債引受けによって得られる利益の獲得とロシアの敗戦によるユダヤ人迫害の改善にあったことは明白な事実である[9]。実際に，第1回六分利付は，当時発行された外国債券のうちでも最も高率であり海外の投資家にとって魅力的な商品であった[10]。

　次いで，第3章では，大正期の安全保障と軍拡・軍縮について検証した。大正3（1914）年8月23日，日本は，ドイツに宣戦布告して第一次世界大戦に参戦しドイツ領の北太平洋諸島を占領したが，第一次世界大戦・シベリア出兵では，臨時軍事費特別会計により軍費が賄われた。そして，大正期は，戦争成り金が生まれた時代でもあるが，戦争景気は長く続かず戦争の終結に伴い軍拡から軍縮に転じた特異な時代であり，治安維持法による過激社会運動の取締りが始まった時代でもある。

　また，第4章では，昭和期の安全保障と戦後税財政について検証した。昭和期は，昭和金融恐慌が経済界に打撃を与えるだけでなく，中国大陸での十五年戦争やABCD包囲網（アメリカ（A），ブリテイン英国（B），チャイナ（C），ダッチ＝オランダ（D）の頭文字をとった4カ国による日本に対する経済包囲網）の打破とアジア諸国の独立運動の支援を目的としたアジア太平洋戦争が勃発し未曾有の国難の時代でもあった。しかし，ポツダム宣言を受諾し敗戦国となった日本の戦後の復興は驚異的なものであった。昭和期は，GHQ（General Headquarters/連合国軍総司令部）の管理下，経済安定9原則やドッジ・ライン（Dodge Line）の経済安定化政策が実施されドッジ不況が生じた時代であるが，朝鮮特需を契機として急速に経済回復する。朝鮮戦争は，大韓民国と朝鮮民主主義人民共和国との間で生じた朝鮮半島の領有や主権を賭けた国際紛争であり，朝鮮戦争に際して在朝鮮米軍及び在日米軍が日本企業に対して軍需物資を注文したことにより朝鮮特需の好景気が生まれた。しかし，朝鮮特需は，一時的なものに過ぎないため，朝鮮特需の終焉とともに景気停滞と景気拡大が繰り返されるのである。そして，昭和26（1951）年9月8日，サンフランシスコ平和（講和）会議が開催され，吉田全権が平和条約署名式に出席し，会議参加国のうちソビエト連邦，ポーランド，チェコソロバキアの30ヵ国を除く49ヵ国がサンフランシスコ平和条約（「日本国との平和条約」又は「対日平和条約」とも称する）に署名し，日本は国際社会に復帰する。また，戦後の日本税制は，

シャウプ（C. S. Shoup）使節団の調査と助言により構築される。シャウプ博士を中核とする7名の租税法（租税理論を含む）専門家により構成されたシャウプ使節団は，日本国占領軍総司令部の招聘により昭和24（1949）年5月10日に来日し約3か月半の調査・検討を経て，「シャウプ使節団日本税制報告書」（Report on Japanese Taxation by the Shoup Mission, vol. 1〜4,1949）を発表する。一般的に，「シャウプ使節団日本税制報告書」と昭和25（1950）年に再来日したシャウプ使節団が発表した「第二次報告書」（Second Report on Japanese Taxation by the Shoup Mission, 1950）を併せて「シャウプ勧告」と称する。つまり，シャウプは，申告納税制度の整備と課税の公平性の実現を目的とする税制改革案を提案したのである。しかし，戦後財政は，困窮を極めていたため国債の発行が検討された時代でもある。政府は，公共事業費及び出資金等の財源補塡を目的として建設国債を発行したが，さらに，昭和40（1965）年度の補正予算において特例国債（以下，「赤字国債」とする）を発行し，その後，赤字国債は恒久化する。

　また，第5章では，平成期の安全保障と行財政・経済政策について論じたが，平成期には，第二次安倍晋三内閣において「アベノミクス」が実施され，集団的自衛権行使容認の閣議決定がなされ専守防衛の国防策が変更され，憲法第9条の解釈変更も行われた。安倍首相は，憲法第9条の解釈変更を選択したが，その根拠として挙げられるのが，砂川事件における最高裁判所の判決である。なぜならば，砂川事件判決において，「憲法第9条は，日本国が主権国としての有する固有の自衛権を否定していないと判示されている」からである。また，国際法上も，集団的自衛権は，国連憲章第51条の個別的又は集団的自衛の固有の権利という条文を拠りどころとして容認されており，集団的自衛権は，国連憲章が発効する以前から国際法上の慣習として認められていた権利である。そのため，安倍首相は，日本を取り巻く安全保障環境の悪化を鑑みて集団的自衛権の行使を認める安全保障関連法を容認し，専守防衛の国防策を大きく転換させたのである。

　従来，日本の安全保障は，昭和53（1978）年に成立した日米安全保障条約（以下，「日米安保条約」とする）により保たれていた。日米安保条約は，米国が軍隊等の人的資源を提供し日本が基地及び駐留経費等の物的資源を提供するという相互関係の下に成立しているが，日本は，昭和53（1978）年以後，在日

米軍駐留経費の負担を目的とする「思いやり予算」を計上している。そして，この日米両政府の合意に基づき，平成28（2016）年度から平成32（2020）年度までの思いやり予算は，5年間総額9,465億円（単年度平均・1,893億円）で合意に達した。しかし，日本が多額の在日米軍駐留経費を負担しているのにも係らず，米国国民の間には，第2次アーミテージ・ナイ・レポートに代表されるように，思いやり予算を含めた日米安保における日本側の貢献の在り方が不十分であり，日米の貢献度を対等な形に改めなければならないとする批判が根強く存在する(11)。そして，米国には，同盟国への対応の見直しと米軍再編の動きも存在する。例えば，ジョージ・ケナン（George. F. Kennan）は，米軍の海外への関与を縮小し地域内の勢力均衡の維持についても地域を構成する国に任せ，地域内の均衡バランスが保てなくなった場合にのみ米軍が介入することに改め，そして，海外基地から米軍を撤退させた分については核兵器や長距離機動力を強化することで補塡し，米国自身の安全を確保するとともに軍事戦略上，重要な地域についても敵対国に渡さないようにするべきだと提案する(12)。

　すなわち，米国には，潜在的に海外駐留軍の撤退を目指す戦略思想であるGPR（Global Posture Review：グローバルな態勢の見直し）が存在しており，国防面における日本のパートナー国である米国の対応は，東アジアの軍事バランスが微妙な時代であるだけに日本の安全保障を不安なものにさせるのである。加えて，米国側の新たな要求により更なる思いやり予算の増額も予測され，台湾有事等に対応した日米同盟の堅持のためにも国防上の財源確保が求められる。そして，第二次安倍内閣が主導した政策は，「アベノミクス」と称され日本財界から高く評価されたが，アベノミクスは慢性化している財政赤字の再建と政府債務超過の改善を目的として大胆な金融政策，機動的な財政政策，成長戦略を三本の矢に掲げ，財政赤字の解消に積極的に取り組んで日本経済を活性化させた。一方，アベノミクスは，財政効果が不十分であり財政赤字の再建のために歳出の削減と新たな増税が求められると批判された。そのため，アベノミクスには，低迷していた日本経済を復活させたとする日本財界の高評価とインフレーションと高金利が日本経済の将来を危うくさせたという批判的な評価が併存しているのである。しかし，アベノミクスが沈静していた日本経済に活力を与えたことは評価されるべきである。

　また，第6章では，現代の安全保障と税財政問題について検証したが，現代

の国家財政と地方財政の課題としては，プライマリーバランスと防衛・安全保障，社会保障：こども・子育て政策の問題，地方交付税における不交付団体の増加等が挙げられる。そして，岸田文雄首相は，与党（自由民主党・公明党）の合意を得て，新防衛3文書を公表し，中華人民共和国の軍事行動への対応表記を「懸念」から「挑戦」に引き上げているが，岸田内閣の閣議決定は国防策の転換期になった。例えば，岸田内閣は，三木武夫内閣が定めた「防衛費は国民総生産（GNP）比1％とする」という政府方針を撤廃し，令和9（2027）年までに防衛費を国内総生産（GDP）比2％に増額する方針を決め必要な防衛費を48兆円程度と主張する[13]。しかし，国防上の財源負担を国債に依存することに慎重な対応が求められる。例えば，政府の有識者会議は，「防衛財源は，今を生きる世代全体で分かち合っていくべきであるとし，安定した財源の確保，幅広い税目による負担，国債発行が前提となることがあってはならない」と提言する。そのため，本章では，まずインボイス方式導入に伴う消費税改正ついて検証した。実際に，消費税におけるインボイス方式の導入は，益税問題を解決することに繋がり，新たな財源を創出する可能性を有する。次いで，本章では，外国子会社合算税制，移転価格税制，過少資本税制等による多国籍企業の租税回避問題について検証した。

　加えて，第7章では，総括と提言を行った。すなわち，本章では，少子・高齢化や若年労働者の減少に伴う移民政策と新時代に対応した国防支出の資本集約化と人工知能（以下，「AI」とする）との共生による安全保障策について提唱した。現在，日本の人口動態は，未曾有の少子・高齢化の状態を迎えており，例えば，厚生労働省国立社会保障・人口問題研究所の『日本の将来推計人口（平成24年1月推計）』に拠れば，「2010年に1億2,806万人であった日本の人口は2048年には1億人を下回り，50年後の2060年には2010年時点よりも32.3％（4,100万人）少ない8,674万人まで落ち込む」と報告されているが，恒久的な財政安定と国防費の確保のためにもシンガポールのように安定した財源の確保を目指して，高度な専門知識や技術を有する外国人労働者（移民）の受け入れを積極的に行い，外国人労働者（移民）の雇用を積極的に行う企業を対象として外国人雇用税を課税するべきである。そして，将来的には，国防支出の資本集約化を推進するとともに，知的労働の代替を通じてAIとの共生を推し進め無人防衛を検討するべきである。つまり，自衛隊において，少子高齢化や若年労

働者の減少により国防を担えるだけの兵員を確保することが難しければ，防衛
装備品の充実と高性能化により兵員不足を補うべきであり，換言するならば，
"労働集約的軍隊"から"資本集約的軍隊"への移行を目指すべきである[14]。
また，AIの軍への導入は，AIの急速な進歩により軍の指揮統制に関わる思
考・判断さえも人間（軍人）に代わって行う水準にまで達しているが，AIも
未経験な事態への対応は不得手であるため，人間（軍人）の判断が戦場や災害
現場で常に求められることになりAIと人間の共生が求められるのである[15]。
将来的に，自衛隊は，人口減少や少子高齢化の影響を受けることにより隊員募
集による人的補充がより厳しくなることが予測される。そのため，兵員の確保
を目的として女性隊員を積極的に採用し，定年年齢の延長や再雇用を行うだけ
ではなく知的労働の代替を通じて"AIとの共生"や"無人機による防衛体制"
の整備を進めることが求められるのである。

　すなわち，現代日本は，安全保障を再考するべき重要な分岐点にさしかかっ
ており，その安全保障を支える存在が国家財政である。よって，本書では，日
本の安全保障と税制・財政の在り方について考察したのである。

注

（1）　高橋杉雄稿，「『安全保障』概念の明確化とその再構築」，『防衛研究所紀要』第1
　　　巻第1号（防衛省防衛研究所，1998年6月）130・142ページ参照。
（2）　橋川文三稿，「日本ナショナリズムの源流」，『橋川文三著作集2〔増補版〕』（筑摩
　　　書房，2000年），及び先崎彰容著，『ナショナリズムの復権』（筑摩書房，2000年）に詳
　　　しい。
（3）　中野目　徹著，『明治の青年とナショナリズム』（吉川弘文館，2014年）5ページ
　　　に詳しい。
（4）　Hans Kohn (1944), "*The Idea of Nationalism*": A Study in Its Origins and
　　　Background, New York: Macmillan, pp. 21-24, 329-330, 574-576.
（5）　福島清紀稿，「明治期における政治・宗教・教育」『富山国際大学現代社会学部』
　　　1（富山国際大学，2009年）17ページ。
（6）　二宮麻里稿，「江戸期から昭和初期（1657年—1931年）の灘酒造家と東京酒問屋
　　　との取引関係の変化」『商学論叢』（福岡大学，2012年）8ページ。
（7）　池上和夫稿，「日清戦後における酒税の増徴について」『商経論叢』（神奈川大学，
　　　1985年）86ページ。
（8）　Cyrus Adler and Mortimer L. Schiff (1928), "*Jacob H. Schiff: His Life and Letters
　　　Part 1*", Garden City, NY: Doubleday, Doran and Co, pp. 216-217.
（9）　Dani Gutwein (2003), "*Jacob Schiff and his true motive in helping Japan*", THE

RUSSO-JAPANESE WAR & THE, 20 TH CENTURY: An International Conference, Feh, 9-13.

(10) 鈴木俊夫稿,「日露戦時公債発行とロンドン金融市場」,日露戦争研究会編著,『日露戦争研究の新視点』(成文社,2005年) 97-98ページ。

(11) Richard L. Armitage, Joseph S. Nye (2007), *"The U.S.-Japan Alliance: Getting Asia Right through 2020"*, CSIS Report, February, p. 20.

(12) George F. kennan (1993), *"Around the Cragged Hill: A personal and Political Philosophy"*, New York: W. W. Norton, p. 183.

(13) 日本経済新聞2022年12月2日参照。

(14) 小野圭司稿,「人口動態と安全保障―22世紀に向けた防衛力整備と経済覇権―」『防衛研究所紀要』第19巻第2号(2017年3月) 13ページ。

(15) 小野圭司稿,「人工知能(AI)による軍の知的労働の代替― AI と人間の共生の問題としての考察―」『防衛研究所紀要』第21巻第2号(2019年3月) 1ページ。

参考文献

井出文雄著,『[新版] 要説:日本の財政・税制』(税務経理協会,2022年)

小野圭司著,『日本の防衛問題入門』(河出書房新社,2023年)

佐々木てる著,『複数国籍―日本の社会・制度的課題と世界の動向』(赤石書店,2022年)

先崎彰容著,『ナショナリズムの復権』(筑摩書房,2000年)

土屋喬雄著,『日本経済史概説』(東京大学出版会,1972年)

遠山茂樹著,『明治維新』(岩波書店,1986年)

中野目 徹著,『明治の青年とナショナリズム』(吉川弘文館,2014年)

平野義太郎著,『日本資本主義社会の機構』(岩波書店,1934年)

堀江英一著,『明治維新の社会構造』(有斐閣,1959年)

山田盛太郎著,『日本資本主義分析』(岩波書店,1954年)

第2章　明治期の安全保障と税財政改革

はじめに

　明治期日本の論点としては，日清戦争・日露戦争の対外戦争と地租改正・酒税税則の改正が挙げられる。なぜならば，日清戦争と日露戦争は，国家総動員体制で臨んだ初の対外戦争であり戦争を支えた財政が「地租」や「酒税」だからである。そのため，本章では，まず明治期日本の根幹を形成した明治維新の性格について検証し，次いで，明治期の財政状態について地租改正を中心に分析した。明治政府は，旧徳川幕藩体制下の租税徴収制度を継承したため，地租改正を断行するに際して税財政改革により財政環境を整えなければならなかった。そのため，政府は，明治2（1869）年に版籍奉還を実施し，明治4（1871）年に廃藩置県を断行したのである。また，政府は，明治4（1871）年に，「租税ハ建国ノ基本ニシテ，民心ノ向背ニ関スル至重ノ事件ナリ。将ニ海外一般ノ法則ヲ定ントス」と諸藩へ達し地租改正を示唆した。

　従来，年貢が日本の封建体制（徳川幕藩体制）を支えていたが，年貢は天領（幕府直轄領）や諸藩により徴収割合（年貢率）が異なっていたため，財政基盤の確立を目的として租税徴収制度の統一化と画一化を図ったのである。

　次いで，本章では，西郷隆盛を盟主とする西南戦争という国内動乱を経て日清戦争と日露戦争という対外戦争を支えた明治期の税制や財政について検証した。しかし，日清戦争と日露戦争の戦時財政は異なっていた。例えば，日清戦争の戦時財政は「国内債」で賄うことができたが，日露戦争の戦時財政は国内債や地租及び酒税だけで賄うことができず「外国債」の募集を行った。つまり，明治期の国防を支えた財政状態は脆弱であったため，明治20（1887）年と明治32（1899）年に所得税改革を実施し，海外進出に活路を求め台湾割譲や韓国併合を断行したのである。明治期は，日清・日露の対外戦争を経て日本が東アジアに権益を雄飛させ植民地経営を行った時代であるが，戦争を支えるべき財政

力が軍事力に伴っていない時代であった。そのため，本章では，軍事と財政の不均衡の上に成り立っている明治期の国家経営の本質を探ることを目的として明治期の国防と税財政について論じたのである。

第1節　明治期：前期の国防策と軍事財政

（1）　明治維新の性格と維新草創期の財政状態

　明治維新の始期については，天保期（1830年から1840年代前半）とする説とアメリカ合衆国の国使ペリー（Matthew Perry）が浦賀に来航した嘉永6（1853）年とする説があるが，明治維新の始期は，国内的条件と国際的条件とが複雑に絡み合った結果であると認識すべきである。

　また，明治維新の性格については，日本資本主義論争において講座派と労農派の間でブルジョア革命又は絶対主義王制成立の何れであるかについて問われたが，明治維新は後期水戸学を源流とする尊応攘夷思想が薩長の政治指導の下，討幕運動に転換し天皇親政の中央集権体制として結実したと認識できる[1]。

　江戸期の閉鎖的な鎖国体制から幕末の開国へと国策を転じた明治維新期は，ナショナリズムが形成された時代であるが，このナショナリズムについては，藤田幽谷，古谷令世，藤田東湖，会沢正志斉などが提唱した後期水戸学を源流とする幕末維新期の尊皇攘夷運動を発端とするものでなく，民衆の政治参加の可能性を示した運動である自由民権運動を待って初めて形成されたとする考え方もある。確かに，幕末維新期の尊皇攘夷運動における主役は民衆であるという見識は傾聴に値するが，しかし，本書では，明治維新を討幕という国内革命を目論む下級武士たちの主導の下，民衆をも巻き込んだイデオロギーの発露であると考える。そして，明治維新を契機として創成されたイデオロギーの担い手である維新政府は，万世一系の天皇を奉戴した中央集権国家の樹立のため臣民に対して国家及び天皇に対する個人的忠誠心を求めたのである。

　また，明治期：前期とは，欧米列強からの外圧に抗するために富国強兵及び殖産興業を国策として掲げた時代であり，明治期：後期とは，日本が第一次日英同盟の締結（明治35年）と日露戦争（明治37年〜明治38年）の勝利を背景としてアジアの盟主を目指した時代であるが，明治維新当時の国内外の情勢は極めて厳しいものであった。そのため，維新政府は，戊辰戦争や西南戦争を遂行

【図表2-1】明治期：前期の歳入状態　　　　　単位：万円（千円未満四捨五入）

	通常歳入			例外歳入		
	租税	通常貸金返納地	官有物所属収入他	紙幣発行収入	借入金	臨時貸金返納他
第 1 期	315.7	12.5	38.3	2,403.7	473.2	65.5
第 2 期	439.9	8.9	17.8	2,396.3	91.1	489.8
第 3 期	932.4	15.2	56.1	535.5	478.2	77.9
第 4 期	1,285.2	48.6	200.3	214.6	—	465.8
第 5 期	2,184.5	60.2	197.6	1,782.5	—	819.7
第 6 期	6,501.5	200.3	354.5	—	1,083.4	411.1
第 7 期	6,530.3	19.9	379.9	—	—	235.6
第 8 期	7,652.9	34.3	620.9	—	—	324.0

（注）第 1 期（1867年12月〜1868年12月），第 2 期（1869年 1 月〜1869年 9 月），第 3 期（1869年10月〜1870年 9 月），第 4 期（1870年10月〜1871年 9 月），第 5 期（1871年10月〜1872年12月），第 6 期（1873年 1 月〜1873年12月），第 7 期（1874年 1 月〜1874年12月），第 8 期（1875年 1 月〜1875年 6 月）

（出所）大蔵省編纂，『明治前期財政経済史料集成』第 4 巻（改造社，1932年）7-47頁を基に作成。

して新政府の基礎を確立し，欧米列強の脅威から自主独立の体制を維持しなければならなかった。そして，政策を実現するためには，安定した財政的基盤を確立することが求められたが，明治維新直後の財政状態は極めて窮乏していた。例えば，明治維新政府は，徳川幕藩体制下の全国石高（約3,000万石）のうち，幕領没収高の約800万石と奥羽戦争によって獲得した東北諸藩の没収高の約100万石を加えることにより合計約900万石をその手中に納めたが，この約900万石から徳川宗家（府中藩）に分配した70万石と賞典禄約100万石の計約170万石を除くと明治草創期の歳入基盤は僅か約730万石であった[2]。実際に，明治期：前期の歳入は，図表2-1に示すように推移するが，明治政府の第 1 期の歳入決算報告書に拠れば，歳入総計は3,308.9万円でありこのうちの約89.9%にあたる2,942.4万円が例外歳入であり，例外歳入中，最も巨額な収入は2,403.7万円の「紙幣発行収入」であり，次いで，473.2万円の「借入金」が多く，通常歳入合計は366.5万円であり歳入総計に対して約11.1%を占めるにすぎない。

　また，第2期の歳入決算報告書においても第1期と同じ傾向を示している。例えば，歳入総計は約3,443.8万円であり，このうちの約86.5％にあたる2,977.2万円が例外歳入であり，さらに，例外歳入のなかで最も巨額な収入は2396.3万円の「紙幣発行収入」であり，次いで，489.8万円の「臨時貸金返納他」であり，通常歳入合計は466.6万円であり歳入総計に対して約13.5％を占めるにすぎない。臨時貸金返納他とは，臨時貸金の返納金及び旧徳川幕府・旧藩の所有金の公納等の臨時の収入である。つまり，明治期前期（第1期・第2期）の歳入は，征討その他の費用に充てることを目的として発行された太政官札である「紙幣発行収入」が主たる財源の位置を占めていたのである[3]。

　しかし，廃藩置県後，政府の歳入状態は，「租税」の占める割合が増加し，第5期（2,184.5万円・歳入総計に占める割合約43.3％），第6期（6,501.5万円・歳入総計に占める割合約76.0％），第7期（6,530.3万円・歳入総計に占める割合約91.1％），第8期（7,652.9万円・歳入総計に占める割合約88.7％）と増加し，歳入における「租税収入」の比重が重くなった。そして，歳入における租税収入の増加要因としては，明治6（1873）年に開始された地租改正の影響が挙げられる。地租は，国税庁統計年報書に拠れば，内国税収のなかで占める割合は，明治10（1877）年〈86％〉，明治20年（1887）年〈68％〉，明治30（1897）年〈44％〉，明治40（1907）年〈35％〉と推移し通常歳入の租税収入のなかで大きな存在であった。加えて，酒税の存在も大きく，酒税の内国税収に占める割合が明治10（1877）年〈7％〉，明治20年（1887）年〈21％〉，明治30（1897）年〈36％〉，明治40（1907）年〈33％〉と推移している。

　一方，明治期：前期の歳出は，図表2-2に示すように推移するが，陸海軍費の歳出に占める割合が，第1期（約3.5％），第2期（約7.4％），第3期（約7.5％），第4期（約16.9％），第5期（約16.6％），第6期（約15.4％），第7期（約12.7％），第8期（約16.3％）と漸次，増加している。特に，第4期の陸海軍費の歳出に占める割合が第3期に比べて著しく増加しているが，これは，仙台，東京，大阪，熊本に四鎮台を設置したためであると推測できる。その後も，陸海軍費は，政府の軍備拡張という国策に歩調を合わせるかのように増大する。そして，諸禄及び扶助費とは，廃藩置県に伴って，明治政府が旧藩主及び藩士に対して支給した家禄のことであるが，この支給額も多大な負担となっていた。他に，例外歳出では，鉄道，電信，造船，造幣等の各官工に属す経費である官

【図表2-2】明治期：前期の歳出状態　　　　　　　単位：万円（千円未満四捨五入）

	通常歳出				例外歳出			
	各官省経費	陸海軍費	各地方諸費	諸禄及び扶助費他	征討諸費	旧幕旧藩に属する諸費	官工諸費他	勧業その他諸費臨時貸金
第1期	167.5	106.0	93.8	183.3	451.2	102.2	130.8	1,815.7
第2期	242.5	154.8	157.1	381.6	231.6	57.0	403.3	450.7
第3期	284.7	150.0	126.9	413.4	122.8	145.8	701.0	66.2
第4期	279.0	325.3	97.9	520.4	9.6	125.2	482.5	83.6
第5期	451.8	956.0	769.8	2,069.0	0.4	454.4	654.2	416.5
第6期	541.8	968.8	896.6	2,665.0	8.2	354.8	832.2	8.7
第7期	591.6	1,041.8	1,052.8	3,314.0	323.8	227.9	1,550.9	125.0
第8期	305.1	1,078.5	680.5	3,220.1	147.5	27.7	983.6	170.5

（注）第1期（1867年12月〜1868年12月），第2期（1869年1月〜1869年9月），第3期（1869年10月〜1870年9月），第4期（1870年10月〜1871年9月），第5期（1871年10月〜1872年12月），第6期（1873年1月〜1873年12月），第7期（1874年1月〜1874年12月），第8期（1875年1月〜1875年6月）

（出所）大蔵省編纂，『明治前期財政経済史料集成』第4巻（改造社，1932年）7-47頁を基に作成。

公諸費他の歳出が増えているのが目立つが，早急な近代国家形成を目指したためこれらの歳出が増大したと推測できる。

（2）明治期の税制改革としての地租改正の評価

　維新政府は，財政的基盤を確立するためにその租税収入の大部分を占める地租の徴収組織を整備して収入を確保しなければならなかった。換言すれば，豊凶や米価の変動に煩わされることのない安定した税収である地租収入を能率的に得なければならず，しかもその収入は貨幣経済の発展に対応して貨幣で確保し，さらに，租税収入は，四民平等の立場を提唱する中央集権国家を標榜するうえで，全国から公平的，統一的，画一的に徴収することが求められた。

　また，日清戦争時の内国税収入では，酒税の存在も大きい。なぜならば，明治期は酒税収入を支えた酒造家が多く誕生した時代であり，明治9（1876）年には，全国に26,078名の酒造家が誕生し明治維新時には300万石程度であった

【図表2-3】明治期の内国税の税収入推移　　　　　　　　　　　単位：万円

	明治10(1877)年		明治20(1887)年		明治30(1897)年		明治40(1907)年	
	税収額	比率	税収額	比率	税収額	比率	税収額	比率
地租	3,945	86%	4,215	68%	3,796	44%	8,497	35%
酒（類）税	305	7%	1,307	21%	3,110	36%	7,840	33%
郵便税	81	2%	—		—		—	
煙草税	—		159	3%	493	6%	—	
所得税	—		—		—		2,729	11%
その他の税	225	5%	531	8%	1,290	14%	5,045	21%
内国税決算額計	4,556		6,212		8,689		24,103	

（出所）『国税庁統計年報書第100回記念号』（1976年）41ページを基に作成。

　と推定される全国造石高は，明治10（1877）年には500万石を越えているからである[4]。実際に，酒税は，「明治32（1899）年には地租を抜き首位にたち，明治35（1902）年には酒税一税だけで42％となり直接税（三税）を上回るほどになり，明治20（1887）年に導入されたばかりで金銭的に未だ少ない所得税を除けば酒税のこの間の増加率は四倍であって一番高く，増分寄与率は六割近いものになる」[5]のである。つまり，日清戦争時の財政基盤は，図表2-3に示すように，地租と酒税に依存するという極めて脆弱なものであった。例えば，地租の内国税に占める比率は，明治10（1877）年から明治40（1907）年にかけては，86％から35％まで減少したが，逆に，酒税の内国税に占める比率は，7％から33％にまで増加しており，地租と酒税が明治期の重要な財源として認識できる。つまり，日清戦争は，地租と酒税により戦争を遂行したといえるような脆弱なものであった。そのため，政府は，世界資本主義下の後進国として欧米列強に追いつくためにも殖産興業を目的として，図表2-4に示すように官営模範工場を設立し富国強兵策を推し進めたのである。そして，維新政府は，明治4（1871）年に，「租税ハ建国ノ基本ニシテ，民心ノ向背ニ関スル至重ノ事件ナリ。将ニ海外一般ノ法則ヲ定ントス」と諸藩へ達し地租改正を示唆した。言うまでもなく，地租は，徳川幕藩体制時代においても最重要な租税であったが諸藩に

【図表2-4】明治期の官営模範工場の払い下げ

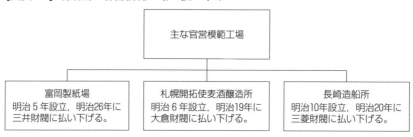

よりその徴収方法が異なるため，維新政府は，租税徴収制度の統一化や画一化を図り，中央集権国家を樹立し財政的基盤を確立することを目的として租税収入の主体である地租の徴収制度及び徴収組織を整備したのである。すなわち，維新政府は，地租を全国一律・貨幣形態で徴収し，徳川封建体制下の旧法を廃止し地価を課税標準とする定額金納の租税体系を確立した。そして，地券制度は，土地私有権の法的確認と土地の商品化を推し進め資本主義の成立を促進したのである。

　また，地租改正の実施においては，明治3（1870）年に，田租改革の建議を草案して地租改正を提唱した神田孝平の存在が大きい。つまり，神田は，旧来の物納制が近代的な租税制度として不適格なものであることを説き，そして，「田地売買ヲ許シ沽券高二準シ金子ニテ収ムルヨリ善キハナシ」と述べ，土地の永代売買禁止を解除してその自由売買を許可し，地租の金納制の確立を提言したのである。例えば，神田が草案した租税の全国的統一と課税の公平という近代的租税制度の確立に対する要求は，明治5（1872）年の陸奥宗光の「田租改正の建議」を始めとする地租改正の動きにも大きな影響を与え，陸奥は，神田の思想を継承し従来の米納貢租の弊害を説き，地価に従って地租を賦課すべきであることを主張した。その後，陸奥は，租税頭に登用され地租改正を主導した。そして，神田の思想は，大蔵卿大久保利通と大蔵大輔井上馨に影響を与え，大久保と井上の二人は連署して「地所売買放禁分一収税施設之儀正院伺」を提出したが，改正地租は，公平，明確，便宜，最小徴税費を強く打ち出している点から不明確ながらもアダム・スミス（Adam Smith）の租税原則の理念に基づいていると評される。その後，明治6（1873）年，大蔵大輔井上馨は，「石高廃止之儀正院伺」を提出し，「石高ノ称ヲ廃シタルニ由リ地租ハ従来ノ税

額ヲ反別二配賦収入セシム」が布告されることにより石高の制は完全に廃止され地租改正が断行された。地租改正は，明治6（1873）年に着手され，田畑宅地については明治9（1876）年に終了するが，山林原野については明治14（1881）年までかかるという大事業であった。そして，改正地租の特徴については，「1. 課税標準…旧地租は土地の収穫を標準として賦課されていたが，新法では改めて地価を標準として課税されることになった。2. 税率…新地租は，地価100分の3をもって定率とし，年の豊凶による増免は，天災による地租変換の場合を除いて一切行わないことを規定した。3. 収納物件…物納を廃し，一律に金納とした。4. 納税義務者…納税者は土地の占有者ではなく，所有権者とした」と説明されるが，明治政府は，封建的土地所有の撤廃と近代的土地所有の確立を前提とする財政的基盤の確立のため，租税収入の大部分を占める地租の徴収組織を整備し安定的な租税収入を確保することを目的として地租改正を断行したのである。つまり，維新政府は，財政的基盤を確立するためにその租税収入の大部分を占める地租の徴収組織を整備して収入を確保したが，換言すれば，税収は，豊凶や米価の変動に煩わされることのない安定した収入を能率的に得なければならず，貨幣経済の発展に対応して貨幣で確保することが求められたのである。

また，明治維新の形成過程については，絶対主義王政説とブルジョア革命説の二つの学説が存在するが，同様に，地租改正の本質についても，改正地租を「封建的物納貢租を全国的規模で継承したものにすぎない」と捉えるべきであるか，「封建的性格の残滓を色濃く窺わせながらも本質的に近代的な租税に転化したものである」と捉えるべきであるかという点で日本資本主義論争の論点となった。改正地租は，その税率の高さにおいて徳川封建体制下の貢租額と変わらない高率で賦課されているため，改正地租とは「封建的物納貢租が単に金納納付に転形したものにすぎない」として改正地租が近代的租税形態を備えているにもかかわらず，地租改正の本質を巡って学問的対立が生じた。確かに，改正地租は著しく高率であり，量的な面でも徳川封建体制下の年貢率とほとんど変わらないため年貢を継承していることは明白である。例えば，地租改正当時の貢租率は25.5％であり地租の30％に当たる村入費を合算したならば貢租率は計約34％となる。これに対して，徳川幕藩体制下における年貢率は，天領及び各藩により賦課率が異なるが概ね五公五民の約50％であると評されており，

実際の貢租率は約37%であるとの研究成果もあり改正地租の貢租率とほぼ同一である。そのため，単に，貢租率だけで比較したならば，改正地租はその重さにおいて徳川封建体制下の封建貢租と殆ど変わらない貢租率であると考えられる。

（3）　西南戦争と大隈重信の積極財政・松方正義の緊縮財政

　明治期：初期の財政を担ったのは，由利公正，大隈重信，松方正義である。まず，明治期：前期の財政を担ったのは由利公正である。由利は，明治草創期の財政を安定させるために，京阪地区という近畿圏の商人資本からの借入金と旧徳川幕府領と東北諸藩からの没収所領だけでは財源不足であると認識しており，政府紙幣を発行することにより財政基盤の安定化を図ったのである。由利は，政府運営のための財源不足を太政官札の発行に求めたのであるが，政府が発行する金札に対する信用が乏しく太政官札が正金に引き換えられるケースが多発しその価値を大きく下落させた。しかし，徳川幕藩体制下の貢租（年貢）を主体とする財政体質からの脱却を目指して貨幣を主体とする金融・経済資本の樹立に努めた由利の手腕は評価される。

　次いで，由利を引き継いで財政を担当した大隈重信は，由利が着手した金札発行政策を推し進めるため，明治2（1869）年に大蔵省を設立して貨幣制度を樹立し，明治4（1871）年の廃藩置県に際して新貨幣制度を確立し，明治6（1873）年に地租改正事業に着手した。さらに，大隈は，積極財政を提唱して国立銀行条例を改正し通貨供給量の増加を図るとともに横浜正金銀行や官営工場を設立し殖産興業や生糸等の輸出振興を奨励して国際収支と財政収支の改善に努めたのである。

　一方，明治6（1873）年の徴兵令や明治9（1876）年の秩禄処分は，士族階級の不満を募らせ，新風連の乱（明治9年・熊本県），秋月の乱（明治9年・福岡県），萩の乱（明治9年・山口県）という不平士族の反乱を続出させ，明治10（1877）年に征韓論に敗れて下野した西郷隆盛を盟主とする最大の不平士族の反乱が鹿児島県・熊本県・宮崎県・大分県で起きるのである。西南戦争は鎮圧されるが，政府が西南戦争に費やした戦費は，当時の税収の約84%を占める4,100万円に上ったため，不換紙幣を発行し応じたがインフレーションを生じさせた。

　つまり，大隈は，西南戦争における軍費調達を政府紙幣と国立銀行券の増発により賄ったため，西南戦争終結後にインフレーションが生起することになり，そのインフレーションの処理方法を巡り大蔵卿の大隈重信と大蔵大輔の松方正義の間で意見が分かれる。例えば，大隈は，市場に溢れている不換紙幣の回収に際して外債発行によって獲得した銀貨を用いるべきであると考えたのに対して，松方はそこまでの積極策を講じるべきでなないと考えていた。そのため，大隈と考えを異にする松方は内務卿に人事異動させられることになるが，明治十四年の政変で，大隈が失脚すると大蔵卿としてインフレーション対策を担当する。松方は，大隈の後任者として明治14（1881）年から明治25（1892）年の11年間にわたり大蔵卿（後に大蔵大臣）を務めるが緊縮財政を提唱し，日本銀行の設立，本位貨幣（正貨）の蓄積，行政経費を削除，歳入の増加（醬油税や菓子税等の創設・酒造税や煙草税の増税），不換紙幣の回収と処分，官営工場の払い下げなどの財政政策を実施しインフレーションを抑えるという点において大きな成果を挙げた。しかし，松方の財政政策は，大量の不換紙幣の回収に伴う貨幣供給量の減少がデフレーションを招来させ，農作物（米・繭等）の価格下落が農民の生活を破綻させ，官営工場の払い下げに伴い財閥資本が誕生したのである。

第2節　明治期：後期の国防策と軍事財政

（1）　日清戦争開戦と臨時軍事費特別会計の創設

　従来，清国と李氏朝鮮（以下，「朝鮮」とする）は，図表2-5に示すように，宗主国と朝貢国との関係を有しており，朝鮮は清国との関係を巧みに利用して，19世紀になり植民地獲得を目指して西洋勢力が東漸してきた際には，「『属邦』の朝鮮が『上国』を差し置いて，勝手に西洋諸国と関係を結ぶことはできない」[6]として西洋列強諸国との通信・通商要求を拒絶したのである。

　しかし，明治9（1876）年に，日本が朝鮮との間で日鮮修好条規（江華条約・丙子修好条約）を締結した際には，日本側は，清国と朝鮮における宗主・藩属関係について容認していない。そして，この清国と朝鮮を巡る宗主・藩属関係は，明治4（1871）年，清国との間で日清修好条規の解釈において問題となる。例えば，日清修好条規は，第一条において「此後大日本国と大清国は，

【図表2-5】 日清戦争前の東アジアの国際関係

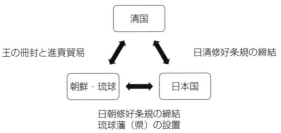

彌和誼を敦くし，天地と共に窮まり無るべし。又両国に属したる邦土は，各礼を以て相待ち，聊信越する事なく，永久安全を得せしむべし」と規定するが，後半部分の文言を分析すると相互不可侵の規定であると理解できる。そして，第二条において「両国好みを通ぜし上は，必ず相関切す。若し他国より不公及び軽蔑する事有る時，其知らせを為さば，何れも互に相助け，或は中に入り程克く取扱ひ，友誼を敦くすべし」と規定するが，この規定の文言から日清両国の提携を意図した平等条約であることが推測できるのである。この日清修好条規の解釈については，第一条及び第二条の規定において日清両国間において差異があり，欧米諸国からも第二条ついて問題点を指摘された。例えば，日清修好条規第一条については，清国側が「朝鮮を含む清国への朝貢国も相互不可侵規定の邦土の対象になる」と主張するのに対して，日本側は，「朝貢国と属国とは異なり相互不可侵規定の邦土の対象にはならない」と認識していた。

　また，日清修好条規第二条については，「若し他国より不公及び軽蔑する事有る時，其知らせを為さば，何れも互に相助け」という文言についても，清国側は日清同盟と認識し，英米諸国も日清両国の軍事同盟の可能性を有すると危険視したのに対して，日本側は日清同盟とまでは意識しておらず日清修好条規の存在において日清両国ではかなりの認識の擦れがあったのである。

　日清修好条規締結の2か月後の明治4（1871）年11月に，台湾先住民の生蕃が，台湾に漂着した琉球国宮古島島民54名を殺害するという台湾事件が発生するが，日本政府は，台湾事件を受けて，明治5（1872）年には琉球王国を琉球藩に改め，国主尚泰を琉球藩主に任命する。そして，明治6（1873）年に，外務卿の副島種臣が特命全権大使として日清修好条規の批准交換を行うために天津及び北京を訪問し清朝の同治帝に謁見した際に琉球問題及び台湾事件につい

て協議を行ったが，その会談において，清朝側から「生蕃は，化外の民であり清朝の統治管轄外にある」との回答を得ている。そのため，明治政府は，この清朝の回答を受けて台湾を国際法上の無主の地と認識して，「自国の臣民である宮古島島民が殺害された責を生蕃に問う」という名目で，明治7（1874）年に西郷従道陸軍中将率いる3,600名の日本軍を台湾に出兵させた[7]。

　また，台湾事件では日本と清国の武力衝突は生じなかったが，明治15（1882）年に勃発した壬午事変は日清戦争の伏線となっている。壬午事変とは，興宣大院君等の煽動を受けた兵士たちが政権を担当していた閔妃一族，日本公使館員，日本人軍事顧問等を殺害した事件であり，清国軍を代表する袁世凱は，反乱鎮圧後も日本公使の護衛を名目として漢城に滞在した。一方，日本側は，朝鮮との間で済物浦条約を締結し日本公使館の警備を目的として日本軍を朝鮮に駐留させた。つまり，日清両国は，壬午事変を契機として対立を高め，日本は軍事力の増強に努め，明治11（1878）年の15個連隊から明治20（1887）年には28個連隊にまで増やし，日清戦争直前の明治27（1894）年には，近衛師団1個師団を含む7個師団（1個師団定員・18,500人）まで歩兵を増員した。

　一方，清国は，明治18（1985）年に，排水量7,335トンで三十．五インチ砲を装備する定遠及び鎮遠を竣工させ，明治20（1887）年までに来遠，経遠の装甲巡洋艦2隻と致遠，靖遠，超勇，揚威の巡洋艦4隻を竣工させており，清国・北洋艦隊の軍事力は日本海軍の軍備力をはるかに凌駕していた。これに対抗して，日本海軍は，壬午事変を契機として清国海軍の軍拡に対抗するため，明治22（1889）年に常備艦隊を創設し高千穂，葛城，浪速，扶桑，武蔵，大和の6隻を建造する。そして，臨時軍事費特別会計では，約20％程度に過ぎない海軍費を工面して東洋最大の海軍力を要する清国の北洋艦隊に対抗するため，三景艦（松島・厳島・橋立）を竣工させ黄海海戦に備えるのである（但し，日清戦争の分岐点の一つとなった黄海海戦では，三景艦に装備された三十二センチ大口径砲は実戦の役に立たず，中口径十二センチ速射砲が威力を発揮して勝利する）。日清戦争は，明治27（1894）年に生起した甲午農民戦争（東学党の乱）が引き金となり，日本軍は，清国が出兵したことに対抗し，日本公使館及び居留民の保護を目的として天津条約に基づき出兵する。そして，日本海軍は，豊島沖海戦及び黄海海戦に勝利し，日本陸軍は，成歓の戦い，平壌の戦い，旅順攻略で勝利し，陸海軍共同の山東作戦で清国の北洋艦隊を降伏させ，遼東半島と

澎湖列島を占領して日清戦争に勝利するのであるが，日清戦争の要因としては朝鮮を巡る日清間の紛争や英露対立を背景とするロシアの動向，対清戦争を規定路線とする軍部の存在，開戦に向けて陸奥宗光外相と川上操六参謀次長が果たした個人的役割等が挙げられる[8]。

　しかし，日本と清国は始めから戦争を意識していたわけではなく，日本側は，「朝鮮問題を解決するためには，朝鮮の宗主国たる清国と条約締結するべきである」として日清修好条規の締結を目指し，清国側の李鴻章（直隷総督兼北洋通商大臣）も「日本と連携して西洋諸国に対抗するべきである」と考え日清修好条規の締結を目論んでいた。李鴻章は，必ずしも対日強硬論者である総理の曽国藩とは異なり，「日本は近隣にあって自強しているがために軍事的な脅威になりうるので敵に回してはならず，そして，日本は清国と同じく西洋から圧迫を受けた経緯があるので提携に積極的なはずであり，条約を締結して篭絡すればその脅威は顕在化することもなくなるのであるから対日条約を締結すべきである」[9]と考えていた。日本は激戦の末に日清戦争に勝利したが，伊藤博文と李鴻章の二人が非戦・同盟論者であることを鑑みれば，両者の政治判断が日清両国の政府首脳に浸透していたならば日清戦争を回避することができ，その後の日中関係とアジアの歴史も大きく変化した可能性を有する。

　また，日清戦争勃発時の日本政府は，財政面でも国際的信用を得るまでには至っていなかったため海外の投資家から債権を集めることができず，日清戦争を遂行するに際して，戦争資金の多くを内国債に依存することになる。アジアの大国である清国と明治期の日本を比較した場合に明治期の日本に投資する者を海外から集めることは難しかった。そのため，日清戦争の戦費を賄うためには，債権者を国内から集めて資金調達を図るしかなかったのであるが，その際に，明治期を代表する知識人の日清戦争に対する支持は戦意を高揚させるとともに内国債の募集においても有利に働いたと推測できる。例えば，福沢諭吉，徳富蘇峰，高山樗牛，陸羯南という明治期を代表する知識人と新聞等の報道機関は，日清戦争という日本が経験する初めての本格的な対外戦争に対して肯定的な見解を示しており，知識人たちの肯定的な見解は国民の戦意を高揚させるとともに日清戦争の戦費となる内国債を集めるうえで効果的であった。

　実際，日清戦争は，明治維新後の近代日本が初めて経験した本格的な対外戦争であるが，財政面において投機的な側面が強く薄氷を踏むような状態であっ

【図表2-6】 日清戦争及び日露戦争時の戦時財政

日清戦争時の臨時軍事費特別会計 　　　　　　　　単位：千円

歳出	200,480	歳入		
		①	国庫剰余金	23,439
		②	公債収入	116,805
		③	賠償金繰入	78,957
		④	献納金	2,950
差額	24,750	⑤	雑収入　他	3,079
計	225,230	計		225,230

(出所)『明治財政史』第 2 巻，38-50ページを基に作成。

た。例えば，日清戦争の軍費は開戦前年度の国家予算の約2.5倍であるが，日清戦争に勝利して戦後に賠償金を得られなければ国家財政は破綻していた。日本政府は，日清戦争において，創めて「臨時軍事費特別会計」を設けるが，これは，戦争遂行のための経費を一般会計から分離させて計上する特別会計である。例えば，日清戦争における臨時軍事費特別会計の内訳は，図表2-6に示すように歳出額 2 億48万円に対して歳入額 2 億2,523万円と歳入額が歳出額を僅かに上回っており辛うじて財政破綻を免れたのである。日清戦争は，近代日本が初めて経験した本格的な対外戦争であるが，賠償金を得たため収入額が支出額を上回った唯一の対外戦争であり特異性が窺えるのである。

（2） 明治20年及び明治32年の所得税法改正

　従来，政府は，大蔵省が主導するイギリス型の分離所得課税方式の採用を検討していたが，国内事情を鑑みて明治20（1887）年，大蔵卿の松方正義は，図表2-7に示すように，国家財政の確立を目的として勅令第 5 号を発してプロイセン型の総合課税方式に基づく所得税法を採用したのである。

　また，明治20（1887）年の所得税法では，第 3 条 3 項において，「営利ノ事業二属セサル一時ノ所得ヲ課税セス」と規定し，所得税の課税対象を継続事業の経常収入に限定し所得源泉課税主義に基づく課税を行っており，この点から個人企業に対する累進税率に基づく課税も念頭に置いていると推測できる。つまり，明治20（1887）年の所得税法では，法人に対する課税は認識されていないため法人の利益は法人内部に留保されることなく，全ての利益が配当に回され

【図表2-7】明治20年の所得税法改正

第一條　凡ソ人民ノ資産又ハ営業其他ヨリ生スル所得金高一箇年三百円以上アル
　　　　者ハ此税法ニ依テ所得税ヲ納ムヘシ
第二條　所得ハ左ノ定則ニ拠テ算出スヘシ
　第一　公債証書其他政府ヨリ発シ若クハ政府ノ特許ヲ得テ発スル証券ノ利子，営
　　　　業ニアラサル賃金預金ノ利子，株式ノ利益配当金，官私ヨリ受クル俸給，年
　　　　金，恩給金及割賦賞与金ハ直ニ其金額ヲ以テ所得トス
　第二　第一項ヲ除クノ外資産又ハ営業其他ヨリ生スルモノハ其種類ニ応シ収入
　　　　金高若クハ収入物品代価中ヨリ国税，地方税，区町村費，備荒儲蓄金，製造
　　　　品ノ原資物代価，販売品ノ原価，種代，肥料，営利事業ニ属スル場所物件ノ
　　　　借入料，修繕料，雇人給料，負債ノ利子及雑費ヲ除キタルモノヲ以テ所得ト
　　　　ス
第三條　左ニ掲クルモノハ所得税ヲ課税セス
　第三　営利ノ事業ニ属セサル一時ノ所得

(出所) 明治20年3月23日勅令第5号を基に作成。

配当所得として個人に対して所得税が課税されたのである。

　また，明治32 (1899) 年の所得税法改正では，図表2-8に示すように，法律第17号第3条にもとづいて所得税の課税対象となる所得を法人所得，公社債利子，個人所得の3種類に限定し法人税源泉課税を整備した。そして，明治32 (1899) 年の所得税法改正では，日清戦争を経て急激に増加した法人に対する課税強化による国家財政（歳入）の安定を目的として明治20 (1887) 年の所得税法改正において見逃されていた法人所得に対する直接課税制度を採用するとともに法人間における受取配当金についても益金不算入とした。そして，明治32年の所得税法改正で創設された法人所得税では，個人（企業）と法人との間の所得税を巡る税負担の不均衡の是正を目的として株主の個人所得税の先取りとしての配当所得に対する課税システムを整備したと推測できる。その後，個人企業の法人成りによる租税回避行為を防ぐことを目的として所得税の改正が行われた（資料参照）。

(3) 日露戦争開戦と酒税税則の改正・軍費調達

　日本政府は，日清戦争の勝利に伴い帝国主義国家への第一歩を踏み出すが，必ずしも朝鮮半島の支配を完全に確立できたわけではなく，ロシアと対峙する

【図表2-8】明治32年の所得税法改正

第三條　所得税ハ左ノ税率ニ依リ之ヲ賦課ス 　第一種　法人ノ所得・・・・・・・・・・・・・・・・・・・千分ノ二十五 　第二種　此法律施行地ニ於テ支払ヲ為ス公債社債ノ利子・・・千分ノ二十 　第三種　前各種ニ属セサル所得・・・・・・・・・・・・・十二段階ノ累進税 　　　　率 第一條　所得ハ左ノ区別ニ従ヒ之ヲ算定ス 　一　第一種ノ所得ハ各事業年度総益金ヨリ同年総損金ヲ控除シタルモノニ依ル 　二　第二種ノ所得ハ其支払ヲ受クヘキ金額ニ依ル 　三　第三種ノ所得ハ総収入金額ヨリ必要ノ経費ヲ控除シタル予算年額ニ依ル但 　　シ此法律施行地ニ於テ支払ヲ受ケサル公債社債ノ利子営業ニ非サル貸金預金 　　ノ利子此法律ニ依リ所得税ヲ課セラレサル法人ヨリ受ケタル配当金，俸給，手 　　当金，割賦賞与金，蔵費，年金，恩給金ハ其ノ収入額ニ依リ田畑ヨリノ所得ハ 　　前三箇年間所得平均高ヲ以テ算出スヘシ 　前項第一号ノ場合ニ於テ益金中此法律ニ依リ所得税ヲ課セラレタル法人ヨリ受 ケタル配当金及此ノ法律施行地ニ於テ支払ヲ受ケタル公債社債ノ利子アルトキハ 之ヲ控除ス 第二條　左ニ掲クル所得ニハ所得税ヲ課セス 　五　営利ノ事業に属セサル一時ノ所得 　七　此法律ニ依リ所得税ヲ課セラレタル法人ヨリ受クル配当金 第三條　納税義務アル法人ハ各事業年度毎ニ損益計算書ヲ政府ニ提出スヘシ

（出所）明治32年2月13日法律第17号を基に作成。

ことになる。しかし，伊藤博文や山縣有朋等の明治政府首脳は，始めから反ロシア路線を標榜していたわけではなく，「小村・ヴェーベル覚書」（明治29年・1896年），「山縣・ロバノフ協定」（明治29年・1896年），「西・ローゼン協定」（明治31年・1898年）等の日露協議の場が設けられ，ロシアの満州経営を是認する代わりに日本の朝鮮経営も是認させるというロシア融和策も検討された。しかし，明治33（1900）年に勃発した義和団の乱は，日本政府の対ロシア方針を変更させた。義和団は，扶清滅洋をスローガンに掲げて，山東，直隷（現河北省），河南，北京等一帯に急速に勢力を拡大するが，居留民保護の任を帯びるロシア，イギリス，フランス，イタリア，アメリカ，日本の軍隊が参戦したことにより短期間で鎮圧されたが，乱の鎮圧後もロシアが満州から撤退せずに駐留したため，日本政府はロシアの南下政策に疑念を抱くことになる。同様に，

〔資料〕所得税改正関係年表

年代	所得税関係	備考
明治20年（1887）	所得税法創設	
		大日本帝国憲法公布（明治22年） 領事裁判権撤廃（明治27年） 日清戦争（明治27年〜28年）
明治32年（1899）	所得税法の大改正 第1種（法人の所得），第2種（公債・社債の利子），第3種（個人の所得）に分かれ，法人課税が始まる。	内地雑居開始
		官営八幡製鉄所操業開始（明治34年） 日露戦争（明治37年〜38年） 関税自主権の回復（明治44年）
大正2年（1913）	普通累進税率を超過累進税率へ。課税最低限の引上げ，勤労所得の控除，少額所得者に特別控除を導入	
		第1次世界大戦（大正3年〜7年） 大戦景気 〈債務国から債権国に〉
大正7年（1918）	国税の第1位となる（〜大正11年度）。課税最低限の引上げを行う。	米騒動
大正9年（1920）	所得税法の大改正 勤労所得，扶養家族の控除を改善し，課税最低限を引き上げる。	戦後恐慌
大正12年（1923）	生命保険料控除を導入	関東大震災 普通選挙法公布（大正14年）
大正15年（1926）	勤労所得の控除，扶養家族の控除を改善，課税最低限の引上げ	
		世界恐慌（昭和4年〜）
昭和13年（1938）	課税最低限の引下げ	
		第2次世界大戦（昭和14年〜20年）
昭和15年（1940）	所得税法の大改正 分類所得税の導入，大所得者には総合所得税として超過累進課税を行う。 法人の所得を別個に課税することとする（法人税の創設）。	
		日本国憲法公布（昭和21年）
昭和22年（1947）	所得税法の大改正，申告納税制度の採用	

（出所）国税庁「所得税のあゆみ—創設から申告納税制度導入まで—」参照。

ブーア戦争（南アフリカ戦争）の対応に追われ極東にまで軍事干渉する余裕の
ないイギリスにとってもロシアの南下政策は歓迎できるものではなかった。し
かし，日本国内では，ロシアとの戦争を回避することが難しいと判断する山縣
有朋（元老），桂太郎（首相），小村寿太郎（外務大臣）及び陸海軍首脳部と，
あくまでもロシアとの協調路線を模索するべきであると主張する衆議院第一党
である政友会の伊藤博文，井上馨との間でロシア外交を巡り対立が生じた。

　当時，日本国内は，ロシアの南下を防ぎ，大陸への侵出を優先するべきだと
考える山縣有朋，桂太郎，小村寿太郎の日英同盟派と国内の行政整理及び財政
整理と国内インフラの整備を優先するべきであると考える伊藤博文，井上馨の
日露協商派とに分かれており，ロシア国内も，満州駐留軍に対する財政負担の
重さと欧州方面の防衛を憂慮するヴィッテ，クロパトキン一派と満州と朝鮮半
島の一体化を前提とする極東開発構想の実現を模索するベゾブラーゾフ一派と
に分かれていた。つまり，日本とロシア両国は，主戦論・反戦論で分かれてい
たため，日本側からの国交断絶と宣戦布告がなければ，ロシア政府が対日戦争
を仕掛けてくる可能性は低かったのである。しかし，明治37（1904）年2月6
日，日露外交関係が断絶し日本とロシアは戦争状態に陥る。日本軍は，電光石
火の攻撃によって制海権を確保し朝鮮半島の京城以南の地域を占有することに
成功し兵站路を確保すると，日本陸軍は，第一軍が鴨緑江渡河作戦に参加し，
第二軍が遼東半島に上陸し，第三軍が旅順要塞を攻撃し，第四軍と近衛師団を
戦列に加え，遼東の会戦及び奉天の会戦で勝利した。一方，日本海軍は，連合
艦隊を組織し旅順港閉鎖を経て，ロシア太平洋艦隊との黄海海戦，ロシアバル
ト艦隊との日本海海戦に勝利した。

　また，日本政府は，西欧列強に伍して安定した国家運営を行うことを目的と
して，日清戦争（明治27年～明治28年）と日露戦争（明治37年～明治38年）に
突入したのであるが，日清戦争及び日露戦争の戦時財政を支えたのが「地租」
と「酒税」の存在であった。そのため，政府は歳入のなかに占める酒税収入を
安定させるため密造酒の取締りを行った(10)。従来，日本政府は，酒造業者側か
ら自家用酒制度の廃止に関する度重なる陳情を受けても「細民農桑の辛苦ヲ医
スル為メ」ということを理由にして自家用酒の製造を容認していた。しかし，
日本政府は，明治37（1904）年の日露開戦を目前に控えていたため軍事費調達
を目的として密造酒の取締りを強化し日清戦争及び日露戦争という二度の対外

【図表2-9】 日清戦争及び日露戦争時の戦時財政

日清戦争時の臨時軍事費特別会計　　　　　　　　単位：千円

歳出	200,480	歳入		
		①	国庫剰余金	23,439
		②	公債収入	116,805
		③	賠償金繰入	78,957
		④	献納金	2,950
		⑤	雑収入　他	3,079
差額	24,750			
計	225,230	計		225,230

（出所）『明治財政史』第2巻，38-50ページを基に作成。

日露戦争時の臨時軍事費特別会計収支　　　　　　単位：千円

収入		支出	
国債・一時借入金	1,418,731	人件費	168,293
一般会計からの繰り入れ	182,430	物件費	1,165,113
特別会計資金繰替え	69,312	機密費	4,049
軍資献納金	2,331	一時賜金	164,600
官有物払下げ代	18,875	亡失金	516
その他収入	29,533	従軍記章費	647
		その他	5,253
		剰余金	212,741
計	1,721,212	計	1,721,212

（出所）『明治大正財政史』第5巻（1937年）688-712ページを基に作成。

戦争を遂行するために，図表2-9に示すように「臨時軍事費特別会計」を創設し，戦費の殆どを内国債で賄おうと試みたのである。

　しかし，日露戦争のように戦争規模が巨大化すると，内国債のみに依存して戦費調達することは困難になる。そのため，真に国力を傾注した戦争であると評された日露戦争では，日本銀行副総裁の高橋是清をロンドンに派遣して外債募集を行わせたのであるが，その外債募集は容易なものではなかった。実際に，高橋がアメリカ在住のユダヤ人銀行家ジェイコブ・ヘンリー・シフ（Jacob H. Schiff）と出会い，図表2-10に示すように，外債募集に成功しなければ日露戦争の勝利は難しかった。つまり，明治政府のロンドンにおける外債募集はシフの積極的支援がなければ不可能であったが，シフと高橋の出会いは偶然の産物などではなくシフが意図したものであり，シフの高橋への接近理由としては外

【図表2-10】 日清戦争及び日露戦争時の戦時財政

年月		収入項目			
		内債収入	外債募集金	他会計より繰入	その他の収入
明治37 (1904) 年	4月―6月	37.3	40.0	15.0	0.6
	7月―9月	57.7	46.8	13.8	0.5
	10月―12月	58.0	18.0	35.9	0.5
明治38 (1905) 年	1月―3月	62.3	82.5	16.4	1.4
	4月―6月	122.4	207.7	32.9	0.8
	7月―9月	84.2	100.9	55.1	1.1
合計		421.9	689.6	689.6	4.9

(出所)『明治大正財政史』第5巻（1937年）692ページを基に作成。

債引受けによって得られる利益の獲得とロシアの敗戦によるユダヤ人迫害の改善にあった。そして，外債が売れた他の理由としては，第1回六分利付が図表2-11に示すように，日本の外債〔英貨公債〕が当時発行された外国債券のうちでも最も高率であり海外の投資家にとって魅力的な商品であったことも挙げられる。

　また，明治26（1883）年に改組された収税署では，全権を有する収税長の指揮の下，府県職員が「国税ノ賦課，徴収並間接国税犯則者処分及ビ徴税費ニ関スル事務」を執行したが，明治29（1886）年，府県収税署が税務署に改組され，全国に税務管理局32局，税務署520署が創設された。そして，この税務署創設の背景には，「資本主義経済の育成強化，明治27年から28年の日清戦争勝利で得た台湾の経営，対露戦の準備経営など，日清戦争後に生起し，莫大な経営費が予想される国内外の財政事情があった」[11]と説明される。

（4）　日露戦争時の明石元二郎と満州義軍の後方攪乱工作

　明石元二郎は，明治22（1889）年に陸軍大学校（5期）を卒業するとドイツ留学を経て明治34（1901）年にフランス公使館付陸軍武官となり，明治35（1902）年にロシア帝国公使館付陸軍武官に転任し，明治37（1904）年に日露戦争が開戦すると中立国のスウェーデン（ストックホルム）に移り，ロシア国内の反政府勢力や社会革命党に資金援助を行い反政府運動を行いロシア国内の反

【図表2-11】外債〔英貨公債〕発行状況とロンドンで発行された外国政府債

区分	調印・募集	発行目的	発行額	担保
第 1 回六分利付	明治37(1904)年 5 月	軍資・公債整理	£ 1,000万	海関税収入
第 2 回六分利付	明治37(1904)年11月	軍事費	£ 1,200万	海関税収入
第 1 回四分半利付	明治38(1905)年 3 月	軍事費	£ 3,000万	煙草専売金
第 2 回四分半利付	明治38(1905)年 7 月	軍事費・公債整理	£ 3,000万	煙草専売金
第 2 回四分利付	明治38(1905)年11月	公債整理	£ 2,500万	無担保
五分利付	明治40(1907)年 3 月	第 1 回・2 回利付整理	£ 2,300万	無担保

(出所)『明治大正財政史』第12巻（1937年）50-270ページを基に作成。

月	発行政府	利率（％）	発行時の利回り（％）
2 月	エクアドル	4	5.88
3 月	日本	6	6.42
3 月	キューバ	5	5.15
6 月	ギリシア	4	4.76
7 月	中国	5	5.13
11 月	日本	6	6.63
12 月	メキシコ	4	4.26

(出所) 鈴木俊夫稿, 「日露戦時公債発行とロンドン金融市場」, 日露戦争研究会編著, 『日露戦争研究の新視点』（成文社, 2005年）98ページ。

戦活動を煽動し後方攪乱工作を行った。例えば，明石は，社会運動家のレーニンに資金援助を行い，血の日曜日事件やプレーヴェ内務大臣暗殺等にも関与したと云われている。そして，日本陸軍の長岡外史参謀次長は，明石の活躍について,「陸軍10個師団に相当する」と評したが，明石の後方攪乱工作は，参謀本部から支給された100万円（現在価値で400億円以上）という潤沢な軍資金を拠りどころとしたものである。

　一方，明石元二郎の情報を用いて後方攪乱工作を行った軍事組織としては，花田仲之助中佐（花田大人）が率いた「満州義軍」の存在がある。明治30(1897)年，花田は，参謀次長の川村操六の命を受けて，西本願寺シベリア別院の布教僧（清水松月和尚）に身分を隠して布教の体を装いながらシベリアから満州にかけて軍事偵察（行程距離約5,000 km）を行う。花田は，ウラジオスト

ックに上陸後，シベリア鉄道，東清鉄道，及び軍事施設の探査を目的としてハ
バロフスク，ニコライエフスク，ハルピン，長春（新京），吉林，奉天，大連，
及び旅順等を調査したのである。花田中佐は，シベリアと満州を軍事偵察する
ことにより，ロシアの朝鮮及び満蒙に対する領土拡張の意欲について危機感を
抱き，帰国後，参謀総長の大山　巌に対して，『時務対露卑見』を提出報告する
際に，対露早期開戦論の必要性について意見具申している。その後，満蒙の情
勢は，花田の予見通りに進展することになり，ロシアは，明治33（1900）年に，
義和団の乱を契機として全満州を支配下に置くことになるが，ロシアの南下政
策は，日本政府や日本陸軍にとっても大きな脅威となったのである。

　しかし，満州義軍は，ロシア軍に対して正面攻撃をかける戦闘力を有してい
なかったため，鉄道破壊や糧秣略奪等のゲリラ的奇襲攻撃をかけることに徹し
てロシア軍を翻弄したのである。加えて，満州義軍の戦果としては，鉄道破壊
工作以外にも30数回の戦闘経験や通化占領等も報告されている。そして，満州
義軍は，清国民に歓迎されたが，その理由としては，「敵に通ずる者は斬，財を
掠める者は斬，女を姦する者は斬」とするという満州義軍の軍律の厳しさにあ
る。当時，満州で暴れていた馬賊とは，略奪を日常茶飯事で行っていた武力集
団であり，その馬賊から村を守るために組織されたのが「団練」であるが，団
練自身も他村に対する略奪行為を行っていた。しかし，馬賊討伐の任を担って
いた「支那巡補」が微力であるため，花田が組織した満州義軍は，ロシアや馬
賊の略奪に曝され清国政府の虐政下に置かれていた清国民を保護したので，満
州義軍は清国民から大いに歓迎され，満州義軍への馬賊や団練からの参加者も
多く，満州義軍の最盛期には3,000人から5,000人規模の戦闘集団に成長した。
満州義軍は，略奪や強姦などを厳しく禁じた軍律が厳しい軍事集団であるため，
清国民衆の支持を得たが，この満州義軍という軍事組織を律していたのは何か
と問われれば，日本軍式の厳しい軍律に加えて"俠"の存在が挙げられる。中
国社会に脈々と受け継がれている俠とは，中国の春秋戦国時代に生まれた義兄
弟の忠誠と義理を重んじる同志的結合のことであるが，満州義軍の軍組織には
単純な軍組織というだけではなく"俠"で結ばれた政治結社という側面も窺え
る。なぜならば，満州義軍は，正規軍でないため戦後の叙勲褒章も確約されて
おらず，兵站や給与さえも不十分なため，基本的に義軍の使命感と意気に感じ
た者が応募した集団であると考えられるからである。そして，満州義軍は花田

総統の下，日本人隊長が馬賊及び団練の兵に対して日本式の軍律を課したのである。加えて，満蒙独立運動家でもあるモンゴル馬賊のババージャブの協力を得ることに成功し，「日」「漢」「蒙」三族の多国籍軍事集団を形成している[12]。

　また，満州義軍の創設に際しては，政治結社が関与していた。実際に，政治結社である玄洋社から安永東之助，大川愛次郎，福住（金子）克己，真藤慎太郎，福島熊次郎，萱野長知の7名（14名説もある）の社員が満州義軍に参加していた。玄洋社とは，旧福岡藩士が中心となって明治14（1881）年又は明治12（1879）年に結成された大アジア主義を標榜する政治結社のことであり，国内的には人権を擁護し国権の強化に努め，国外的にはアジア諸国の独立運動を支援することにより，アジア諸国の同盟により西洋列強に対抗することを目的とし満州義軍の軍構成に影響を与えた。そして，満州義軍の軍費は，公的資料に記載がないため推測するしかないが，例えば，日露戦争で諜報活動を担った明石元二郎に対しては，山縣有朋の肝煎りで参謀本部から多額の工作資金が提供されている。明石は，この潤沢な資金を用いて対露戦における諜報活動と後方攪乱を行ったが，同様に，花田仲之助の軍事偵察と満州義軍の創設に関しても参謀本部の働きかけがあったことを鑑みると，参謀本部から一定の軍費調達が行われていたと推測できる。しかし，満州義軍は正規軍ではないため，原則的には，軍費の自弁を余儀なくされており，ロシア側の武器・弾薬や兵糧を奪取することにより軍事行動を継続していたと考えられる。そして，満州義軍には，玄洋社からの資金援助もあったと推測できる。玄洋社は，経済的基盤を筑豊炭田に有し，筑豊炭田が生み出す資金を海外に投資していた。例えば，玄洋社総帥の頭山満は，孫文の革命活動に対して資金援助し，インドの独立運動家ラス・ビハリ・ボースに対しても資金援助も行っているが，日露開戦においても積極的な姿勢を示していた。しかし，満州義軍は，地方軍閥に成長することなく，日露戦争終戦後に部隊解散する。解散理由としては，日露戦の終戦によりその軍事目的が達成されたこと，花田の人間性を評価し満州義軍の後ろ盾となっていた参謀総長川上操六が死去したこと，軍資金の継続的確保が困難であったこと，花田の権力に対する無欲さ等が挙げられる。後年，関東軍の石原莞爾が満州国建国の重要性を唱えるが，花田の軍略は対露戦争勝利後の満州建国を想定しており，石原構想の先駆けといえるような戦略性に富んだ構想であった。

第3節　日清戦争・日露戦争の戦後処理と論功行賞

（1）　日清講話条約の締結と日露講和条約の締結

　明治28（1895）年，日本側の全権大使である伊藤博文（内閣総理大臣），陸奥宗光（外務大臣）と清国側の全権大使である李鴻章（北洋大臣直隷総督），李経方（欽差大臣）との間で日清講和条約（下関条約とも称する）が締結された。しかし，その後，ロシア，フランス，ドイツによる三国干渉が生起し，日本は，この三国干渉に応じて「遼東還付条約」を締結しその見返りとして3,000万両の還付報奨金を受け取る。しかし，三国干渉は，日本国内に臥薪嘗胆の機運を生み出し，日露戦争への心理的要因を形成することになるが，日清講和条約の内容は，(i)清国は朝鮮との間の宗主・藩属関係を解消し，朝鮮が完全独立の国家であることを認め，(ii)清国は，遼東半島，台湾，澎湖列島等を日本へ割譲し，(iii)清国は7年年賦・2億両の賠償金を日本へ支払い，(iv)清国は沙市，重慶，蘇州，杭州を日本に開放し，日本の最恵国待遇を認めるというものである。

　また，明治38（1905）年，アメリカ大統領セオドア・ルーズヴェルトの勧告により，日本側の全権委員である外務大臣小村寿太郎，駐米公使高平小五郎とロシア側の全権委員である元大蔵大臣セルゲイ・ウィッテ，駐米公使ロマン・ローゼンがアメリカのニュー・ハンプシャー州のポーツマスにて日露講和条約（ポーツマス条約とも称する）に調印するが，日露講和条約の内容は，(i)ロシアは，日本に対して朝鮮半島における優越権と指導・保護を容認し，(ii)日本とロシア両国は，満州から同時に撤退し，(iii)ロシアは，日本対して樺太の北緯50度以南を譲渡し，(iv)ロシアは，日本に対して東清鉄道のうち，旅順から長春までの南満州支線と付属地の租借権を譲渡し，(v)ロシアは，日本に対して関東州の租借権を譲渡するというものであった。

（2）　日清戦争・日露戦争における軍功華族の叙爵

　日清戦争及び日露戦争では，数多くの軍功華族が誕生したが，軍功華族とは，軍事面での功績を顕彰され叙爵された者のことであり，軍国主義を確立するうえで大きな役割を果たした。例えば，日清戦争では，既に爵位を有していた大将全員と中将13名を除いて，川上操六，桂太郎，乃木希典など中将7名と永山武四郎や長谷川好道など少将19名が軍事功績により新たに華族に列席し，日露

戦争では，既に爵位を有していた陸軍大将（戦中に死亡した1名を除いて，すべてが日露戦争の功績で陞爵した）を除き，陸軍中将のうち井上光や大久保春野ら34名と陸軍少将のうち松永正敏や福島安正ら14名が新たに叙爵され，そして，既に爵位を有していた海軍大将（5名のうち3名が陞爵し，1人が叙爵した）を除き，海軍中将は日高壮之丞や出羽重遠等12名と伊東義五郎や梨羽時起等12名が新たに叙爵された[13]。また，日露戦争では73名の軍功華族が誕生したが，日露戦争の功績により叙爵された高橋是清などの文功華族が20数名であったのに比べると華族制度における軍人優勢の方針が窺え，軍功華族の誕生は政府の軍国主義化の動きを助長させた。政府が日清戦争及び日露戦争で大量に軍功華族を誕生させたことに対する明確な説明はないが，薩長藩閥（陸の薩摩・海の長州）が華族社会における勢力拡大を図ったと考えられるし，政府が皇室の藩屏たる人材の養成を図ったとも推測できる。実際に，後年，軍功華族の子弟から多くの軍人が誕生し，日清戦争と日露戦争において軍功華族に叙爵された105家のうち68家の子弟（84名）が軍人になっている[14]。すなわち，日本政府は，叙爵と顕彰を巧みに操りながら帝国主義化するのである。

第4節　明治期の台湾領有・韓国併合による植民地経営

（1）　台湾総督府の特別統治主義と製糖業の近代化

　明治28（1895）年，日本政府は，日清戦争に勝利し日清講和条約によって清朝から台湾を割譲されたが，その後，台湾は，昭和20（1945）年，第二次世界大戦時のポツダム宣言受諾により中華民国に返還されるまでの約50年間にわたり日本の支配下にあった。当時，日本政府の高官の間では台湾の統治方法を巡り見解が分かれていた。例えば，国内の内地法を採用することなく台湾を独立した植民地として認識し特殊な支配体制の下で台湾統治を行うべきであるという「特別統治主義」を標榜する後藤新平等の政治方針と台湾を内地の一部として認識し内地法を適用するべきであるという「内地延長主義」を提唱する原敬等の政治方針に二分されていた。しかし，第4代台湾総督である児玉源太郎の下で後藤新平が民政長官に任じられると，後藤は特別統治主義に基づく台湾統治を実施し，台湾の立法，行政，司法，民生，経済，教育，軍事等の各方面において台湾総督府を中核とする中央集権化を実現した。そして，後藤は，台

湾で蔓延していた阿片吸引の追放を目的として阿片の専売制を導入するとともに阿片取引の免許を漸減した。

　また，児玉と江藤は，台湾財政の安定化においても大きな功績を残しており，台湾財政の自立化を目指して財政二十箇年計画を明治32（1899）年度に予算請求した。なぜならば，当時の台湾財政は，明治政府からの巨額の国庫補助を提供されることにより成立していたからである。例えば，明治29（1896）年の台湾総督府の歳入965万円のなかに占める国庫補助は694万円であり，明治30（1897）年の台湾総督府の歳入1,128万円のなかに占める国庫補助は596万円であった。つまり，台湾総督府の歳入に占める日本政府からの国庫補助金の割合は，明治29（1896）年には約72％であり，明治30（1897）年にも約53％であった。そのため，台湾における自立財政を確立するために日本政府からの国庫補助金を削減し，明治42（1909）年以後における財政の自立化を目指した。具体的には，嗜好品等の専売制度を実施するとともに台湾事業公債法にもとづく事業公債の発行を行った。例えば，明治29（1896）年に阿片を専売し，明治32（1899）年に食塩及び樟脳を専売し，明治38（1905）年に煙草を専売し，大正11（1922）年に酒を専売し，鉄道敷設，基隆築港，水利事業等を目的とした公債も発行したのである。そして，台湾の製糖業における近代化は，台湾総督府の支配下，三井物産の出資による台湾製糖株式会社の誕生に始まり，大日本，明治，東洋，清水港等の製糖会社が続々と誕生することにより本格化し，台湾総督府からの補助金を受けて大きく成長し，日本帝国内における砂糖の自給化を成し遂げ，森永製菓（台湾製糖）や明治製菓（明治製糖）等の製菓会社も誕生する。

（2）　韓国併合において日英同盟が果たした役割

　日英同盟は，第一次（明治35年），第二次（明治38年），第三次（明治44年）と更新されたが，大正10（1921）年のワシントン海軍軍縮会議で四か国条約が締結されたことにより大正12（1923）年に失効した。

　また，近代日本の安全保障において日清戦争と日露戦争が大きな役割を果たしたことは間違いないが，日英同盟の影響も見逃すことはできない。例えば，日英同盟は，第一条で「両締約国ハ相互ニ清国及韓国ノ独立ヲ承認シタル以テ該二国敦レニ於テモ全然侵略的ノ趨向ニ制セラルルコトナキヲ声明ス　然レトモ両締約国ノ特別ナル利益ニ鑑ミ即チ其利益タル大不列顛国ニ取リテハ主トシテ

清国ニ関シ又日本国ニ取リテハ其清国ニ於テ有スル利益ニ加フルニ韓国ニ於テ政治上拉ニ商業上及工業上格段ニ利益ヲ有スルヲ以テ両締約国ハ若シ右等利益ニシテ列国ノ侵略的行動ニ因リ若クハ清国又ハ韓国ニ於テ両締約国敦レカ其臣民ノ生命及財産ヲ保護スル為メ干渉ヲ要スヘキ騒動ノ発生ニ因リテ侵迫セラレタル場合ニハ両締約国敦レモ該利益ヲ擁護スル為メ必要欠クヘカラサル措置ヲ執リ得ヘキコトヲ承認ス」と規定しており，イギリスは，日本が朝鮮において「政治上拉ニ商業上及工業上格段ニ利益ヲ有スル」ことを認めたわけである。

　つまり，西欧諸国を代表する英国が日本の朝鮮における権益を承認したという事実は，西欧列強の一員として認められたと日本を錯覚させることになり，日本の韓国併合を後押しした。そして，新聞報道も，日英同盟を契機として日本の韓国併合を容認する報道を行っている。例えば，朝日新聞は，「日英同盟条約は朝鮮に於る日本の利益を特に保障する」と論じ，万朝報は，「清韓両国の経営に着手するが如きは，應に其の一手段なるべし」と論じる。

（3）　朝鮮総督府の設置・朝鮮貴族の創出と特別会計

　明治42（1909）年に第一次日韓協約が締結され，明治43（1910）年に第二次日韓協約が締結されると朝鮮総督府が設立された。朝鮮総督府は，明治43（1910）年の韓国合併によって設立された韓国統監府を前身機関とし，政務総監，総督官房，5部（総務・内務・度支・農商工・司法）が設置され，内閣総理大臣を経由して朝鮮における行政，立法，司法の三権を掌握していた。そのため，朝鮮総督府は，社会インフラの整備，教育政策，産業育成において一定の成果を挙げたが，逆に，宗教政策や言論統制等の皇民化政策に対する批判もある。しかし，韓国併合は，自国とは異なる風俗・文化・習慣・法制度を有する朝鮮民族（王室・貴族・官僚・軍人・国民）を自国の統治下に置くのであるから統合は容易なことではない。そのため，日本政府は，韓国併合の融和策として韓国皇族を「準皇族」として処遇したのである。明治42（1909）年7月6日の閣議では，韓国併合に伴う韓国王公族の処遇について，（一）韓国皇帝を廃位して「大公殿下」と称すること，（二）太皇帝，皇太子，義親王を「公殿下」と称すること，（三）彼等を東京に移住させ，日本の皇族と華族の例を参酌して特別の礼遇と特典を与えること，（四）大公家・公家には『礼費』として『一定ノ手額』を支給すること，（五）大公家・公家の一切の事務は，宮内省が管理する

こと，（六）韓国皇室の私有財産は，そのまま私有として，私有でないものは日本政府の所有に移すとするという案を決定した[15]。ところが，韓国側が，日本政府の提案に対して「韓国」の国号と「王」の尊称を求めたため紛糾し，「前韓国皇帝を冊して王と為し昌徳宮李王と称し」とする旨の詔勅を出すことにより問題の解決を図った。そして，日本政府は，朝鮮貴族に対しても朝鮮貴族令に基づき「『李王の現在の血族』で皇族の冷遇を受けない者及び『門地又は功労』のあった朝鮮人に対し『朝鮮貴族』として『詔勅ヲ以テ』〔公候伯子男〕の爵位を授け，『華族令ニ係ル有爵者ト同一ノ礼遇』を享けさせ，また『有爵者ノ婦』にも『其ノ夫ノ爵二相当スル礼遇及名称』を，さらに有爵者の一定範囲の『家族』に対しても『華族ト同一ノ礼遇』をそれぞれ享けさせて，朝鮮貴族として華族に準ずる地位と待遇を与えた」[16]のである。明治政府は，大韓帝国の皇族と閣僚を懐柔するために，準皇族と朝鮮貴族を創設したのであるが，明治43（1910）年時点で，朝鮮貴族の数は，公爵0名，侯爵6名，伯爵3名，子爵22名，男爵37名である[17]。そして，日本政府が，朝鮮半島統治のために朝鮮貴族を創出した理由としては，朝鮮半島で崇拝されている両班を巧みに利用したと考えられる。

　また，大韓帝国の国家財政は，屯田制に基づく自給自足体制であり，「田税，身役，貢納，徭役の収収体制，すなわち，租庸調の収収体制を取っており，その内，『庸』にあたる身役は朝鮮王朝においては軍役制として運用された…朝鮮王朝後期には収収形態は，身役，貢納，徭役の田税化および布納，銭納への一元化が進んだが…租庸調の財政理念の中には各司維持運営費は想定されておらず，各司維持運営費は本税の付加税としたり，各官庁自体で調達されていた」[18]が，大韓帝国（朝鮮王朝）末期の国家財政は，皇室が貨幣鋳造を乱発し私物化する破綻状態であったため，第二次日韓協定が締結されると初代統監の任に就いた伊藤博文は，財政の健全化を目指して国家財産と王室財産との分離を行ったのである。そして，伊藤統監は，「明治40（1907）年11月に宮内府収租管を廃止し，12月に従来宮中に属していた紅蔘専売事業，蔘税，沿江税，土地付帯の諸税，庖税，銅鉄鋼税などを国庫に移し，明治41（1908）年6月には，駅屯土賭租及び賭銭，魚磯狀税など，従来宮中が徴収していた雑税をすべて国庫に移し，駅屯土と宮内府所管及び慶善宮所属の不動産のうち宮殿宗廟の基址，陵園墓の内垓字を除く全部を国有とした」[19]のである。当時，李王家は準皇族

の礼遇を受けていたが，その歳費は朝鮮総督府から支給されていた。この李王家の歳費は，「大韓帝国時代の皇室費と同額の150万円であり，4万～10万円程度だった各宮家の費用とは雲泥の差があった。しかし，李王職（宮内省内に設置された王公家の家務を担う組織であり，女官・内官等が4,000名在籍していた）という巨大組織を維持するには決して十分な金額ではなかった」[20]のである。

　また，朝鮮総督府の特別会計（歳入）は，図表2-12に示すように，租税収入を主体としているが，その中核的存在が地税及び酒税から所得税に変わったのである。そして，朝鮮総督府特別会計の歳入では，租税収入に次いで，鉄道収入と鉄道作業費などの官業収入の占める割合が高いが，前者は，運輸収入及び雑収入（倉庫業・旅館業）等で構成され，後者は，俸給及び事業費（総係費・保存費・運転費・車両修繕費・運輸費）等で構成されている。

（4）　朝鮮総督府統治下の産業発展と低租税負担率

　一般的に，朝鮮総督府統治下の朝鮮半島では機械工業の発達が欠落していると評され，商業分野が発達し商人の育成が行われた。例えば，南朝鮮西部の巨大地主である金一族が創立した京城紡織株式会社は，朝鮮総督府の肝煎りで設立された朝鮮殖産銀行から多額の金融支援を受けて朝鮮企業を代表する民族系企業集団に成長した。

　また，朝鮮半島では，小野田セメント・宇部セメント・浅野セメント等のセメントメーカーや片倉組（片倉製糸紡績）・王子製紙等の綿紡績及び製紙メーカーが積極的に朝鮮半島に進出することにより，セメント業及びパルプ・製紙工業も盛んになった[21]。しかし，朝鮮総督府が朝鮮半島における産業振興に励んだにもかかわらず，朝鮮の租税負担率（租税収入と国民所得の割合）は，図表2-13に示すように，内地や台湾と比べると僅少であり，朝鮮の一人当たりの国民総生産が内地の3～4割であり，台湾の6～7割に過ぎないことから朝鮮財政の厳しさが窺えるのである[22]。実際に，朝鮮財政は，地税，関税，酒税等に依存しており財源不足分を公債金や補助金に依存していたのである。

　また，アジア太平洋戦争前に形成された三養社，斗山，和信商会のような民族系企業集団から戦後に韓国財閥に成長した企業も生まれたが，その多くは，戦後に誕生した現代，三星（サムソン），ラッキー（LG），鮮京（SK），韓国火

【図表2-12】 朝鮮総督府特別会計内訳　　　　　　　（単位・百万円）

年＼区分	歳入（主たる租税収入）				
	地税	関税	酒税	煙草耕作税	所得税
明治43（1910）年	6.0	2.0	0.1	0.2	—
明治44（1911）年	6.6	4.0	0.2	0.2	—
大正元（1912）年	2.7	4.7	0.3	0.3	—
大正2（1913）年	6.9	4.6	0.4	0.3	—
大正3（1914）年	10.1	3.8	0.4	0.7	—
大正4（1915）年	10.0	4.4	0.5	0.9	—
大正5（1916）年	10.0	5.0	0.8	0.9	0.1
大正6（1917）年	10.2	7.2	1.4	1.2	0.4
大正7（1918）年	11.5	10.3	1.7	2.5	0.4
大正8（1919）年	11.1	15.5	2.8	4.9	0.7
大正9（1920）年	11.4	9.7	3.7	6.2	1.5
大正10（1921）年	11.6	13.3	5.1	2.9	0.8
大正11（1922）年	15.2	13.6	8.5	0.4	1.0
大正12（1923）年	15.2	7.1	7.7	0.4	0.9
大正13（1924）年	14.8	8.2	8.3	0.3	1.0
大正14（1925）年	15.2	9.9	8.4	0.3	0.8
昭和元（1926）年	15.3	12.2	9.4	0.2	1.0
昭和2（1927）年	15.4	9.9	11.2	0.3	1.2
昭和3（1928）年	14.5	10.4	12.8	0.3	1.3
昭和4（1929）年	14.8	10.7	13.2	0.2	4.1
昭和5（1930）年	15.6	8.4	12.3	0.1	1.1
昭和6（1931）年	15.8	7.4	11.2	—	0.7
昭和7（1932）年	15.4	7.9	11.3	—	1.0
昭和8（1933）年	15.8	11.1	13.5	—	1.3
昭和9（1934）年	14.7	12.7	16.5	—	5.1
昭和10（1935）年	13.7	13.2	19.5	—	9.2
昭和11（1936）年	13.3	16.8	21.7	—	12.2
昭和12（1937）年	13.8	12.8	24.0	—	16.5
昭和13（1938）年	13.6	16.7	26.4	—	23.7
昭和14（1939）年	9.9	17.2	28.0	—	35.5
昭和15（1940）年	13.9	14.9	24.5	—	50.3

| 区分 | 歳出 | | | | | | | | | | |
| 年 | 軍事費 | | | 国債費 | 営業費 | | 産業経済費 | | 司法警察費 | 行政費 | 教育費 |
	軍事費繰入金	直接軍事費	計			内, 鉄道建設費		内, 補助費			
昭和6 (1931)	—	—	—	24	96	(15)	32	(16)	28	20	7
昭和7 (1932)	—	—	—	23	104	(20)	32	(16)	27	22	7
昭和8 (1933)	—	—	—	24	109	(20)	37	(17)	28	23	7
昭和9 (1934)	—	—	—	25	129	(20)	47	(20)	29	26	9
昭和10 (1935)	—	—	—	27	132	(26)	56	(22)	30	29	10
昭和11 (1936)	—	—	—	31	166	(36)	55	(22)	31	31	＋11
昭和12 (1937)	11	—	11	30	224	(70)	71	(25)	37	30	13
昭和13 (1938)	27	2	29	32	282	(98)	65	(30)	38	31	14
昭和14 (1939)	41	4	45	32	380	(138)	111	(37)	42	33	16
昭和15 (1940)	50	17	67	37	452	(149)	123	(52)	43	48	19

（出所）『明治大正財政史』第18巻第1章付表「朝鮮総督府特別会計歳入歳出決算額累計一覧表」，『朝鮮総督府統計年報』，及び黄完晟稿，「植民地期朝鮮における戦時財政の展開」『経済論叢』（京都大学1988年）を基に作成。

薬（韓火）等の新興韓国財閥の後塵を拝することになる。なお，最古の韓国財閥である斗山は，化粧品企業を経て昭和麒麟麦酒を買収して東洋ビール（OBビール）を設立するが，1990年代に入るとインフラ関連事業へと事業転換を図っているのである。

（5）　朝鮮人留学生の陸軍士官学校での皇民化教育

　当初，陸軍士官学校は，フランス式陸軍士官学校を範としていたが，明治20

【図表2-13】 租税負担率　　　　　　　　　　　　　　　　　　　　　単位：（％）

	朝鮮	台湾	内地
1911—15	3.9	9.6	13.1
1916—20	3.9	7.7	9.1
1921—25	5.0	8.4	11.2
1926—30	6.2	8.5	11.3
1931—35	7.6	9.0	10.5

（出所）木村光彦著，『日本統治下の朝鮮』（中央公論新社，2018年）42ページ。

(1887) 年に，プロシア式陸軍士官学校制度を範として士官養成制度を変更した。このプロシア式陸軍士官学校制度に変更後の陸軍士官養成では，士官候補生を陸軍幼年学校出身者と旧制中学校出身者から採用し，採用後に下士官兵として連隊及び大隊での隊付勤務を経験させてから初めて士官学校に入学させ，士官学校卒業後に見習士官として原隊に復帰させた。つまり，陸軍では，一定（半年）の原隊勤務を経験させてから原隊の将校団の推薦を受けて少尉に任官させるという方法を採用した。この陸軍士官学校の士官養成は，下士官兵として原隊勤務を経験させない海軍兵学校の士官養成制度とは異なるが，軍人適格者のみを能力に応じて採用する制度であると評価された。

　また，陸軍士官学校及び海軍兵学校への進学を目的とする予備校としては，共立学校（現在の開成中等学校・開成高等学校），海軍予備学校（現在の海城中等学校・海城高等学校），攻玉社，二松学舎，成城学校（現在　成城中学校・成城高等学校）等の校名が挙げられるが，これらの軍学校に対する予備校のなかで「陸軍士官予備校」と称された成城学校は特異な存在であった。なぜならば，成城学校は，韓国人留学生に門戸を開き，「慶應義塾（普通科）→成城学校→陸軍士官学校→見習士官」という陸軍将校へのルートを用意したからである[23]。そのため，成城学校から士官候補生になった韓国人留学生は多いが，韓国人留学生のなかには，帰国後に日本の植民地政策に協力する人材も輩出している[24]。日本政府は，明治42（1909）年に韓国陸軍武官学校が廃止されると，韓国陸軍武官の養成も陸軍士官学校で行うと共に，親日的な企業家を植民地経

解体される前の旧朝鮮総統府中央庁（1994年撮影）

営で活用することを目的として人材を確保・育成したのである。

　日本政府が，韓国人留学生を陸軍士官学校に入学させた理由は明らかでない
が，陸軍士官学校への韓国人留学生が増えることは，韓国国内における植民地
支配からの脱却を模索するナショナリズムの萌芽を未然に防ぐとともに皇民化
教育になると判断したと推測できる。逆に，陸軍士官学校には，台湾人を採用
しないというような成文規定は存在しないが，日本陸軍は，故地を中国本土と
する台湾人を軍人として採用することには慎重な態度を示しており，太平洋戦
争中の昭和18（1943）年に初めて台湾人に対して陸軍士官学校の門戸を開くの
である。

第5節　明治期の兵器商社による外貨獲得

　明治期には，国防策を担う存在である「兵器商社」が誕生し軍拡と歩調を合
せるように成長する。例えば，明治期の兵器商社としては，明治6（1873）年
創業の合名会社大倉組（以下，「大倉組商会」とする），明治9（1876）年創業
の三井物産合名会社（以下，「三井物産」とする），明治14（1881）年創業の合
資会社高田商会（以下，「高田商会」とする）の三社の存在が挙げられる。三社
のなかでは，三井物産が明治10（1877）年の西南戦争において明治政府軍の軍
用物資の約6割を調達するというように頭一つ抜け出た存在に成長する。次い
で，大倉組商会が，西南戦争における明治政府軍の軍用物資の約2割を調達し
て兵器商社としての地位を確立し，明治9（1876）年に釜山支店（朝鮮）を開
設し，明治16（1883）年に上海支店（清国）を設置することによりアジア地域
に積極的に進出し，陸海軍に兵器納入を行うことにより大倉組商会，三井物産
に対抗する存在に成長する。そして，機械系専門商社として位置づけられる高
田商会も海軍工廠が置かれている横須賀，呉，佐世保に出張所を設け，陸海軍
関係の軍需及び官需への依存度が強い企業として軍関係者から評価される[25]。

　また，大倉組商会，三井物産，高田商会の三社は，「明治36年以降において我
国の武器輸出が本格化しており，この年には小銃36,000挺，実包3千862万発
が輸出されているが，仕向国はシャム，韓国，清国である。これらの兵器類の
輸出商社は，大倉組商会，三井物産，高田商会であり，その他に阿部合名社興
友社（以下，「阿部合名社」とする）の名が挙げられる。シャム向には三井物産

のみが実績を有しており，韓国向には三井と阿部合名会社，そして清国向には，大倉組商会，三井物産，高田商会の3社がそれぞれ実績を持っていた」[26]と説明されるように兵器商社としてアジア市場で武器売買の商戦を展開した。

　当時のアジアの武器市場は，大倉組商会，三井物産，高田商会の三社で独占されていた。しかし，陸軍東京砲兵工廠及び大阪砲兵工廠は，日清・日露の両戦役を経て，設備能力と生産能力を飛躍的に向上させ，日露戦争期を通じた両工廠の生産力の伸びを見ると，明治38（1908）年における東京砲兵工廠の小銃月産は，開戦前が6500挺であったのに対し，1万3000挺にまで達し，大阪砲兵工廠では，十サンチ半速射カノン砲が開戦前には二門であったものが，二十四門となり，拡張工事完成時には六二門を予定していた[27]。そのため，陸軍省は，平時において過剰生産となっていた砲兵工廠の生産の対応を目的として，寺内正毅大臣の訓示をもって兵器商社三社に対して泰平組合を結成させ，従来三社が個別に行っていた清国への武器輸出を「兵器賣込ノ為特ニ合同組合ヲ組織シ兵器ノ賣込ハ右組合ニ一任スルコト」とし，「自今右組合ニ対シ相当ノ便宜ヲ興ヘ」るように指示したのである[28]。そして，陸軍省は，東京砲兵工廠及び大阪砲兵工廠の設備能力を維持するとともに，生産過剰となっている武器を効率良く売却するために，明治41（1908）年6月4日付で大倉組商会，三井物産，高田商会の三社に対して兵器商社である「泰平組合」の設立と許可の訓示を出した。そして，明治44（1911）年に生起した辛亥革命では，清国と革命軍の両者に対して武器を売却して外貨の獲得を行ったのである。日本政府が，清朝政府と革命軍の両者を支援した理由としては，清朝政府と革命軍の両者を応援することにより中国全土を満漢二族で分立統治させ，この清朝政府の混乱に乗じて満州問題の解決を図ろうとした意図が窺える[29]。その後，泰平組合は，第一次世界大戦で受け取った手数料が高額すぎるとして会計処理上の問題点が指摘され，第一世界大戦の終了に伴い売上高が減少すると，高田商会が泰平組合から脱退し，高田商会に代わって三菱商事が新たに加入し「昭和通商」が設立されるのである。

第6節　明治期の島嶼部領有と国境線確定

　明治期は，小笠原諸島，千島列島，沖縄・先島諸島，大東諸島等の島嶼部が

領有され，国境が確定した時期である。

（1） 小笠原諸島の領有宣言と先占の法理

　小笠原諸島は，小笠原群島（父島・母島・その周辺の島）と南鳥島，火山列島（硫黄列島）により形成されているが，小笠原群島が信州城主の子孫である小笠原貞頼により発見されたのは文禄2（1593）年である。つまり，小笠原貞頼は，文禄の役に出兵し自領に帰還する際に無人島であった同群島を発見し，江戸幕府を開府した徳川家康の命により領有を認められたのである。小笠原群島は，小笠原貞頼が発見するまでの約200年間は定住者がいない無人の島であり，その後，小笠原群島の父島には，ハワイのオアフ島から渡来した先住民が移り住むようになり定住社会が形成されることになった。

　しかし，太平洋において捕鯨業が隆盛になると捕鯨船の寄港地として小笠原諸島の存在価値が高まり欧米列強も興味を示す。例えば，小笠原群島には，文政10（1827）年にイギリス軍艦のブラッサム号が来航し，文政11（1828）年にロシアの軍艦が来航し，そして嘉永6（1853）年にアメリカのペリー提督が来航したのであるが，ペリー提督は，東洋航路の中継地としての小笠原諸島を領有することの重要性を米国政府に進言している。そのため，日本政府は，欧米列強による支配が小笠原諸島に及ぶことを恐れて，明治9（1876）年に先占の法理にもとづいて領有を宣言したのであるが，先占の法理とは，「新たに外国領域でない無主地である島嶼を発見し長期間に渡って実効支配した場合には，領有を宣言した国の領土として認められるという国際法上の一種の権原である」と説明される。

　また，小笠原諸島はサトウキビ栽培と製糖を主力産業として経済成長するが，小笠原諸島の領有は日本政府が目指していた南進論（南洋への進出）と版図拡大を目指した植民事業の先駆的ケースになったと評される。そして，アジア・太平洋戦争中の昭和20（1945）年2月から3月にかけて繰り広げられた火山列島（硫黄島）を巡る日米の激戦を鑑みると国防上の小笠原諸島の重要性が理解できる。

（2） 日魯通行条約と樺太千島交換条約の締結

　江戸幕府が正保元（1644）年に作成した「正保御国絵図」のなかに北方領土

〔資料〕小笠原諸島の位置関係

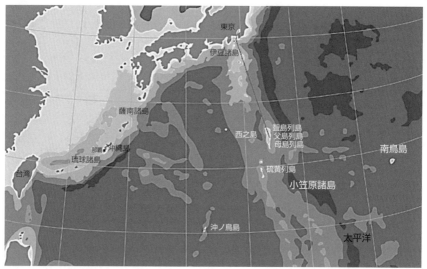

東京
伊豆諸島
薩南諸島
西之島
那覇　沖縄島
琉球諸島
聟島列島
父島列島
母島列島
南鳥島
台湾
硫黄列島
小笠原諸島
沖ノ鳥島
太平洋

（出所）東京都総務局ホームページ，「南鳥島はこんな島　日本の最東端にある島」参照。

を形成している国後島や択捉島の島嶼名がみられるが，宝暦4（1754）年に，
松前藩は，国後を実効支配し北方領土における支配権を確立した。しかし，ロ
シアも極東進出に興味を示し始めたため，ロシアの南進（南下政策）に対して
危機感を持ち始めた江戸幕府は，樺太と千島を幕府直轄領に組み入れ，寛政10
（1798）年には大規模な蝦夷地巡察隊を派遣している。そして，安政元（1855）
年「日魯通行条約」が締結され，択捉島とウルップ島の間に両国の国境線を引
いた。その後，日露両国は，樺太千島交換条約を締結し，日本が樺太全島を放
棄する代わりに千島列島を獲得したのである。そして，明治38年（1905）8月
10日，日本は，米国のポーツマスで開かれた日露戦争の講和会議に出席しポー
ツマス条約に調印したが，その結果，日本は樺太（サハリン）の北緯50度以南
の土地を譲り受けた。加えて，日本は，ポーツマス条約において，韓国におけ
る指導，保護及び監理の権限が認められ，長春・旅順口間の鉄道の権利やロシ
ア沿岸における漁業権等を譲渡されたのである。

〔資料〕樺太千島交換条約に基づく国境線

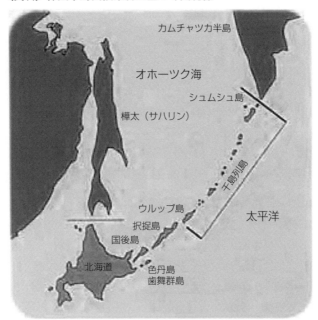

（出所）内閣府「樺太千島交換条約」参照。

（3） 琉球処分・尖閣諸島の領有と沖縄税制

　明治5（1872）年，琉球国を廃して琉球藩とした頃から明治12（1879）年の沖縄県の設置までを「琉球処分」と呼称する。明治2（1869）年，薩摩藩，長州藩，土佐藩，肥前藩の4藩主は，王土王民の考え方にもとづいて版籍奉還を願い出て許可されて旧藩主が知藩事に任命された。そして，明治4（1971）年，薩摩，長州，土佐から募った御親兵の武力を背景にして廃藩置県が実施され，全国で「県」が生まれたのである。しかし，琉球藩（藩王尚泰）が政府の命令に従わないため，内務大書記官の松田道之が警官や熊本鎮台分遣隊を率いて「琉球藩ヲ廃シ沖縄懸ヲ置ク」と布告し明治12（1879）年に沖縄県が設置された。

　そして，後年のアジア太平洋戦争において沖縄県は，日本国土防衛の重要拠点となる。沖縄県の人口は約49万人で戦没者が約12万人（4人に1人が沖縄戦で亡くなった）であり，沖縄県民の犠牲により本土の防衛が成立したのである。

【図表2-14】沖縄県の地税と本租

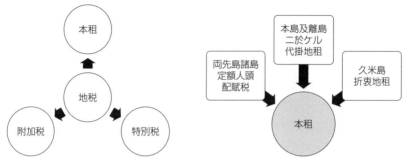

（出所）『沖縄県史』21（1968年）189ページ参照。

　また，明治期の沖縄県の税制は，図表2-14に示すように，"旧慣温存"の風潮から本租（3種類），附加税（3種類），特別税（2種類）で構成されたが，先島諸島には，人頭税が廃藩置県を経て明治時代後期まで残存した。本租は，本島及離島ニ於ケル代掛地租，両先島諸島定額人頭配賦税，久米島折衷地租に大別され，附加税（重出来）は，賦米，荒欠地出米，掛増米に区分され，特別税は，夫役銭及夫賃粟，浮得税に区分された。本租とは，江戸幕藩時代に薩摩藩により実施された検地により算定された「琉球国知行」の総草高8万9,086石に課せられた租税のことであり，本島及離島ニ於ケル代掛地租，両先島諸定額人頭配賦税，久米島折衷地租に区分された。そして，本島及離島ニ於ケル代掛地租は土地に対する課税のことであり，両先島定額人頭配賦税は，15才以上50才までの男女に対する人頭割の課税のことであり，久米島折衷地租は，本島及離島ニ於ケル代掛地租と両先島定額人頭配賦税の折衷の税のことである。

　また，沖縄県では，廃藩置県後も「地割制度」が存続していたが，地割制度とは，明治30（1897）年代後半まで存続し沖縄本島及び両先島諸島で採用されていた制度であり，「田畑又は山野をある一定の年限及び人口・年齢・性別・資力などを考慮して再配分（割替）する慣行のことである」[30]と説明される。

　つまり，地割制度とは，支配階層からの強制力を伴うものではなく，あくまでも百姓同士で互いに耕作地を割り替える（交換する）自主的な土地区画制度のことである。そのため，地割制度は支配階層から強制される性質のものではないため必ずしも租税制度であるとはいえないが，地割制度が租税制度と関係を有していたことは事実である[31]。例えば，租税は個別百姓に対してではなく

地域（村）に割り当てられたが，この割り当てに際して地方役人の裁量権が大きく，地方役人は村の人口・年齢・性別・資力などを考慮して割り当てを決定できたのである。

　また，中国との間で尖閣諸島の領有を巡る問題が生じているが，尖閣諸島は，日本政府が国際法に照らして他国の支配が及んでいない無人島であることを確認した上で明治32（1890）年に日本の領土に編入し，その後，サンフランシスコ平和（講和）条約で米国施政権下に置かれ沖縄返還協定で日本に返還された。

　従来，尖閣諸島の領有問題は，日中両国間において棚上げにしていた懸案事項であったにもかかわらず，民主党の野田佳彦内閣において尖閣の国有化を決定したために尖閣諸島を巡る領土問題が顕在化した。尖閣諸島問題では「領土問題が存在する」と主張する中国と，「領土問題自体が存在しない」と主張する日本との間で論議が平行線を辿り解決の糸口さえもみえない。例えば，中国は，尖閣諸島の実行支配を目的として領海侵犯し防空識別圏を設定しているが，中華民国（台湾）も領有権を主張し始め尖閣諸島を巡る領土問題を混沌とさせている。加えて，太平洋の島嶼部の防衛を考えた場合には大東諸島の領有意義が大きい。明治32（1899）年，無人島であった大東諸島の開拓は，八丈島で事業を行っていた玉置半右衛門により始められるが，その後，北大東島で燐鉄鉱石採掘が行われ，南大東島でもサトウキビが開発された。

　なお，令和期を迎えると防衛省自衛隊は，南西諸島を含む全国28カ所に固定式レーダーを配備するが太平洋の島嶼には設置していない。そのため，沖縄本島から東約360 kmの太平洋上に位置する大東諸島に移動式警戒管制レーダーの配備を行うことができれば，未整備の状態であった太平洋の島嶼部の防衛が整備されることになる。但し，レーダー配備のためには，住民の理解が求められるが，北大東島村議会は，令和3（2021）年12月に，「自衛隊誘致を求める意見書を全会一致で可決したのである。また，産経新聞の取材に拠れば，宮城光正村長は，「空白が埋まれば村民は安心，安全に生活できる環境につながる。一方，農産物被害などを懸念して，反対する住民もいるため防衛省には丁寧に対応してほしい」と注文している。しかし，台湾有事の危機が叫ばれるなか，外国軍艦（航空母艦）が北大東島の東300 kmで戦闘機やヘリコプターの発着艦を行っている事実を鑑みた場合には，早急に自衛隊の北大東島における常駐と移動式警戒管制レーダー配備が求められるのである。

〔資料〕尖閣諸島と大東諸島の位置

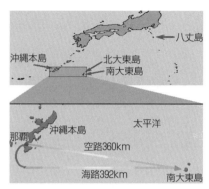

（出所）外務省「日本の領土をめぐる情勢」及び南大東島公式ホームページ参照。

（4）先島諸島における人頭税の残滓

　琉球の租税体系は，寛永14（1637）年に琉球王府の手によって確立されたが，琉球王府は慶長16（1611）年に，薩摩藩の手による検地を土台として沖縄全島において本土と同様の石高課税を行った。しかし，何故か先島諸島には沖縄本島と区別して人頭税が残存した[32]。また，日本の古代律令国家で実施されていた租庸調は人頭税であったが，「人頭税とは15歳から50歳までの男女一人ひとりに，田畑の面積とはかかわりなく年齢に応じて頭割りに税を課す方法のことであり，宮古・八重山では，1637年までには制度化され1659年に人口の変動によらず，毎年の納税額を一定にするという定額人頭税になった」[33]のである。つまり，人頭税の賦課方法は，「村（現在の字）は上・中・下の三級に，人は年齢によって上（21歳-40歳）・中（41歳-45歳）・下（46歳-50歳）・下下（15歳-20歳）の四級として，上村上男女を14，上村中男女・中村上男女を12というように段階的に賦課された」[34]と説明される。

　通説は，「先島諸島を沖縄本島と区別して人頭税が課税された」とするが，現在，通説を裏付ける確証は見当たらない。また，人頭税には，反乱を起こした豪族のオヤケアカハチに対する懲罰的な意味合いがあったとする見解も存在する。このオヤケアカハチの反乱の理由については諸説あるが，オヤケアカハチの反乱は「中央集権国家が確立していく過程のなかで王府による先島諸島への貢租の増額負担強制などからの強い締め付けがあった」ために生起したと説明される[35]。しかし，八重山諸島の一部を支配していたに過ぎない地方豪族を

処罰するために，八重山諸島だけでなく宮古諸島に対しても人頭税が賦課され
たことについて説明することができないのである(36)。

　私見ではあるが，宮古島には「名子制度」という奴隷農民制度が明治期にな
っても残っていたため，名子制度が人頭税の課税と何らかの関係があるのでは
ないかと考える。例えば，中世荘園制の奴隷的農業経営の遺制と考えられる名
子制度において，名子の「ナ」は“土地”を意味し「コ」は“労働力の提供”
を意味するが，名子とは「江戸時代において，地主から耕地や住居，納屋，採
草地，山林などまで借りうけ地主に対してその耕地の夫役提供から年中行事，
婚礼，葬儀の手伝等の労力奉仕をし，地主から生活上の庇護をうける隷属農民
をさしている」と説明される(37)。

　また，沖縄県第2代県令の上杉茂憲（米沢藩）県令巡回日誌に拠れば，「而シ
テ分頭税一人二付，仮ニ一石トセハ，之ヲ直ニ上納セスシテ其支配スル処ノ村
吏へ壱石四，五斗宛ヲ納ムヘシ」とあるように，名子は貢租の外に四斗から五
斗の粟を抱主に納めて，さらに抱主の求めに応じて使役されることになる。し
かし，実際には，名子が抱主に粟を納めることなく労役を提供したと考えられ
る。そして，名子の抱主が名子に代わり割り当てされた貢租を上納したため，
名子は抱主である士族階層の財産の一部として隷属姓を有する小作農であると
認識できるのである。すなわち，名子は抱主に対して労働力を提供することに
より生計をたてるだけでなく，貢租の納付も抱え主に対して依存していたわけ
であるが，「名子は，貢租を納めない代わりに抱主に対して労役を提供し，貢
租は名子に代わり抱主が納付する」という名子制度の仕組みに人頭税との関連
性を見いだすことができる。人頭税の廃止については，宮古島農民より幾度と
なく宮古島役所や沖縄県庁に要望しても受け入れられなかった。そのため，明
治26（1893）年に，宮古島の農民代表である西里　満と平良真牛の2名は，城
間正安，中村十作と共に東京に上京して，11月28日の第5通常議会において城
間正安と中村十作の連名で『沖縄県宮古島島費軽減及島政改革請願書』を提出
した。その後，農民たちの請願運動が実り，明治27（1894）年12月の第8通常
議会において『沖縄県政改革請願書』が衆議院で可決され，1903年1月に地租
条例及び国税通則法の適用により人頭税は廃止された。一般的に，宮古島人頭
税廃止運動は，沖縄の近代民衆運動の大きな成果であり，「日本資本主義の発
展を妨げる可能性を有する前近代的な人頭税を除去しなければならない時期に

削除できたことがこの人頭税廃止運動を成功させた第一の条件であった」と説明される[38]。しかし，帝国議会が人頭税廃止運動を容認した理由としては，「日清戦争のさなかにおいて，沖縄を大日本帝国の屏障・西南の門戸，つまり，南の辺境の要塞にするという中央政府側の軍事的視点があった」[39]ことも挙げられる。

小　括

　明治期：初期の財政を担ったのは，由利公正，大隈重信，松方正義であるが，明治6（1873）年の徴兵令や明治9（1876）年の秩禄処分は不平士族の反乱を続出させ，明治10（1877）年に征韓論に敗れて下野した西郷隆盛を盟主とする最大の不平士族の反乱である西南戦争を生起させる。西南戦争は鎮圧されるが，政府が西南戦争に費やした戦費は，当時の税収の約84％を占める4,100万円に上ったため，政府は不換紙幣を発行し対応するがインフレーションを発生させた。つまり，大隈は，西南戦争における軍費調達を政府紙幣と国立銀行券の増発により賄ったため，西南戦争終結後にインフレーションが生起し，インフレーションの処理方法を巡り大蔵卿の大隈重信（積極財政）と大蔵大輔の松方正義（緊縮財政）の間で意見が分かれるのである。そして，明治十四年の政変で，大隈が失脚すると松方が大蔵卿としてインフレーション対策を担当し，明治14（1881）年から明治25（1892）年の11年間にわたり大蔵卿（後に大蔵大臣）を務めるのである。

　また，明治期の日本政府は，財政的基盤を確立することを目的として，租税収入の大部分を占める地租の徴収組織を整備しその収入を確保しなければならず地租改正を断行した。そして，地租改正は，全国一律で徴収され貨幣経済の発展に応じるため貨幣で徴収しなければならなかった。なぜならば，徳川幕藩体制下の旧封建貢租が近代的租税形態の要素を充していなかったため，旧法を廃して地価を課税標準とする定額金納の租税体制の整備が求められたからである。

　近代日本は，明治期に地租改正や酒税税則の改正を行っているが，この税制改革は，日清戦争や日露戦争を遂行するうえでの原動力となった。しかし，日清戦争勃発時の日本政府は，財政面でも国際的信用を得るまでには至っていな

かったため，アジアの大国である清国との対外戦争において軍費の多くを「内国債」に依存したが，明治期を代表する知識人の日清戦争に対する支持は戦意を高揚させると共に，内国債を集めうえでも有利に働いたと推測できる。つまり，日清戦争は，明治維新後の近代日本が初めて経験した本格的な対外戦争であるが，財政面において投機的な側面が強く薄氷を踏むような状態であった。例えば，日清戦争の軍費は開戦前年度の国家予算の約2.5倍であるが，日清戦争に勝利して戦後に賠償金を得られなければ国家財政は破綻していたのである。

　しかし，大国ロシアを敵とした日露戦争のような巨大規模の戦争になると，内国債のみに依存して戦費調達することは困難になる。そのため，真に国力を傾注した戦争であると評された日露戦争では，「外国債」の募集に成功したことにより軍費を賄うことができたのである。日清戦争と日露戦役は，軍事行動における軍費調達の重要性が認識させたが，昭和の陸海軍はこの戦役に学ぶことなく第一次世界大戦，シベリア出兵，日中戦争・アジア太平洋戦争へと歩を進め軍事的敗北を負うことになる。また，日本は，国力が乏しいため長期戦を避けるべきであり，日清戦争と日露戦争が短期間で終結したことも勝因である。そして，日清戦争と日露戦争は，日本の国防力を支える戦時財政の脆弱さを示した戦いであったが，国防における戦時財政の重要性を戦訓として活かせなかったため，アジア・太平洋戦争において大敗を喫するのである。

　また，欧米列強に追いつき追い越すことを目指した明治期は，安全保障の分岐点となった時代である。なぜならば，近代日本は，幕末の欧米列強の開国要求に始まり，日清戦争・日露戦争という大戦を経験してアジアの盟主への第一歩を踏み始めた時代だからである。しかし，明治期日本の国防を支えるべき財政力は極めて脆弱なものであり，国防と財政力が不均衡な状態で日本の安全保障が保たれていたのである。

　　注

（1）　尊皇攘夷運動の礎となったのは後期水戸学であるが，後期水戸学とは，北畠親房の神皇正統記を源流として，第9代水戸藩主の徳川斉昭の下，尊皇論に攘夷論を加えた実践的な学問のことである。
（2）　揖西光速・加藤俊彦・大島　清・大内　力共著，『日本資本主義の成立Ⅱ』（東京大学出版会，1986年）275ページ。
（3）　明治前期財政経済史料集成第4巻，48-51ページ。

（４）　二宮麻里稿，「江戸期から昭和初期（1657年―1931年）の灘酒造家と東京酒問屋
　　　との取引関係の変化」『商学論叢』（福岡大学，2012年）8ページ。
（５）　池上和夫稿，「日清戦後における酒税の増徴について」『商経論叢』（神奈川大学，
　　　1985年）86ページ。
（６）　月脚達彦著，『福沢諭吉の朝鮮　日朝清関係のなかの「脱亜」』（講談社，2015年）
　　　61ページ。
（７）　坂野正高著，『近代中国政治外交史』（東京大学出版会，1973年）375ページ。
（８）　藤村道生著，『日清戦争』（岩波書店，1973年）6-14・29・46・55-56ページ，及び
　　　大澤博明稿，「『征清用兵　隔壁聴談』と日清戦争研究」『熊本法学』第122号（熊本大
　　　学法学会，2011年）135-182ページに詳しい。
（９）　岡本隆司著，『李鴻章―東アジアの近代』（岩波新書，2011年）105-106ページ。
（10）　密造酒取締り事件としては，明治34（1901）年の「鹿児島県伊集院税務署職員傷
　　　害事件」と明治36（1903）年の「千葉県銚子税務署職員殺害事件」が名高いが，前者
　　　は，関税課職員が，密造酒作りの調査を目的として，鹿児島県日置郡阿多村大字白川
　　　字南谷へ出張したところ，村民に衝撃され1名が重傷を負わされた事件のことであり，
　　　後者は，関税課税務職員が，千葉県匝差郡平和村字平木3402番地の濁酒製造業者石毛
　　　万吉方へ臨検し，濁酒，桶，桶蓋等を差し押さえたところ，石毛常太郎兄弟によって
　　　税務職員2名が殺害された事件のことである。
　　　（出所）内薗惟幾稿，「税務職員の殉難小史―酒類密造等の沿革と併せて―」『税大論
　　　叢』（1978年）472ページ。
（11）　鈴木芳行著，『日本酒の近現代史　酒造地の誕生』（吉川弘文館，201年）100ペー
　　　ジ。
（12）　萱野長知著，『中華民國革命秘笈』（皇国青年教育協会，1941年）719ページ。
（13）　浅見雅男著，『華族たちの近代』（NTT出版，1999年）153-154ページ。
（14）　同上，156・158ページ。
（15）　新城道彦稿，「韓国併合における韓国皇帝処遇問題」『日本歴史』5月号（2009年）
　　　68ページ及び，山中永之佑稿，「『韓国併合』と皇族・華族制度の変容―「1910年体制
　　　論」―」『阪大法学』（大阪大学，2013年）1111ページに詳しい。
（16）　山中　前掲論文　1116ページ。
（17）　新城道彦著，『朝鮮王公族―帝国日本の準皇族』（中央公論新社，2015年）56-57ペ
　　　ージ。
（18）　德成外志子稿，「朝鮮王朝の禄俸制と国家財政体制」『経済研究』11（大阪経済大
　　　学，2008年）80-81ページに詳しい。
（19）　新城道彦稿，「王公族の創設と日本の対韓政策―「合意的国際条約」としての韓
　　　国併合―」『東アジア近代史』第14号（2011年）69-70ページ。
（20）　新城　前掲書，54-55ページに詳しい。
（21）　木村光彦著，『日本統治下の朝鮮』（中央公論新社，2018年）69-73ページ。
（22）　同上　42ページ。
（23）　金　明洙稿，「旧陸軍士官予備校成城学校と19世紀末の韓国人留学生：『朝鮮の渋
　　　沢栄一』韓相龍を中心に」『三田学会雑誌』104巻3号（慶応義塾経済学会，2011年）
　　　42ページ。
（24）　陸軍士官学校出身の韓相龍の活躍は目覚ましく，特に，"韓国の渋沢栄一"と評

された韓相龍は，漢城銀行の頭取に就任すると共に，韓国銀行，朝鮮製糖会社，朝鮮紡績株式会社等の多くの企業の設立に関与し，貴族院議員（朝鮮勅選議員）にも選出されている。

(25)　中村青志稿，「大正・昭和初期の大倉財閥」『経営史学』15-3（1980年）57ページ。

(26)　中川　清稿，「明治・大正期の代表的機械商社高田商会（下）」『白鵬大学論集』Vol. 10　No. 1（白鷗大学，1995年）164-165ページ。

(27)　芥川哲士稿，「武器輸出の系譜―泰平組合の誕生まで―」『軍事史学』通巻第82号（1985年）63ページ，及び横山久幸稿，「日本陸軍の武器輸出と対中国政策について―「帝国中華民国兵器同盟策」を中心として―」『戦史研究年報』No. 5（防衛研究所，2002年）14・26ページ。

(28)　陸軍省編，「兵器売込方ニ関シ契約書提出ノ件」『明治四十一年七月八月密大日記』（防衛研究所図書館所蔵）に詳しい。

(29)　北岡伸一著，『日本陸軍と大陸政策』（東京大学出版会，1978年）94-95ページ。

(30)　『沖縄県史』第2巻各論編1．政治（1970年），243ページ。

(31)　来間泰男稿，「琉球近世の租税制度」『農業史研究』第41号（沖縄国際大学，2007年）58ページ。

(32)　中川正晴稿，「定額人頭配賦型貢租制度と宮古・八重山悲惨の要因」『税大ジャーナル』（2005年）62ページ参照。

(33)　小林　武稿，「宮古島人頭税廃止運動の成功と背景―請願権の観点からの考察―」『法経論集』（愛知大学法学会，2018年）101ページ。

(34)　読谷バーチャル平和資料館「人頭税廃止運動」参照。

(35)　牧野　清稿，「南島中世史の研究―ちくに宮古，八重山両島の高唱をめぐって―」，南島史学会編，『南島―その歴史と文化―3』（第一書房，1980年），89ページ。

(36)　前掲「定額人頭配賦型貢租制度と宮古・八重山悲惨の要因」65ページ参照。

(37)　島尻勝太郎稿，「宮古の名子についての覚書」，『沖縄大学紀要』第7号（沖縄大学，1990年），21ページ。

(38)　吉原公一郎著，『沖縄民衆運動の伝統』（福原出版，1973年），159ページ。

(39)　前掲「宮古島人頭税廃止運動の成功と背景―請願権の観点からの考察―」109ページ。

参考文献

浅見雅男著，『華族たちの近代』（NTT出版，1999年）

揖西光速・加藤俊彦・大島　清・大内　力共著，『日本資本主義の成立II』（東京大学出版会，1986年

宇野弘蔵編著，『地租改正の研究　上・下巻』（東京大学出版会，1957・1958年）

岡本隆司著，『李鴻章―東アジアの近代』（岩波書店，2011年）

北岡伸一著，『日本陸軍と大陸政策』（東京大学出版会，1978年）

木村光彦著，『日本統治下の朝鮮』（中央公論新社，2018年）

坂野正高著，『近代中国政治外交史』（東京大学出版会，1973年）

芝原拓自著，『明治維新の権力基盤』（御茶ノ水書房，1970年）

萱野長知著,『中華民國革命秘笈』(皇国青年教育協会,1941年)

鈴木芳行著,『日本酒の近現代史 酒造地の誕生』(吉川弘文館,201年)

関 順也著,『明治維新と地租改正』(ミネルヴァ書房,1967年)

高沢修一著,『近現代日本の税財政制度』(財経詳報社,2019年)

月脚達彦著,『福沢諭吉の朝鮮 日朝清関係のなかの「脱亜」』(講談社,2015年)

野呂栄太郎著,『日本資本主義発達史』(岩波書店,1954年)

服部之総著,『明治維新史研究』(くれは書店,1949年)

福島正夫著,『地租改正』(吉川弘文館,1995年)

藤村道生著,『日清戦争』(岩波書店,1973年)

安井滄涙著,『陸海軍人物史論』(博文館,1916年)

横手慎二著,『日露戦争史』(中央公論新社,2011年)

第3章　大正期の安全保障と軍拡・軍縮

はじめに

　日本政府は，大正4（1915）年1月に袁世凱政府に対して，図表3-1に示すように対華二十一カ条の要求を突きつけ南満州の権益拡大を狙ったが米国の反発を買った。そして，米国内の反日感情の高まりのなか，日本は，昭和6（1917）年に十一月革命が勃発すると連合国の一員として大正7年（1918）年にシベリアに出兵した。しかし，第一次世界大戦・シベリア出兵における軍費は重く，「臨時軍事費特別会計」が設定され軍費が賄われたのである。

　戦後，日本は，戦勝国の一員として中国東北省への侵出の機会を得るが，満州事変を発端として満蒙における軍事力を拡大させ中国大陸における十五年戦争やアジア太平洋戦争に突入する。日本軍の軍事費を賄ったのは臨時軍事費特別会計と「軍事国債・特別税」である。そのため，本章では，第一次世界大戦・シベリア出兵における臨時軍事費特別会計と軍事国債・特別税の役割に注目した。

　また，大正期は，第一次世界大戦の終結に伴う不景気のなか，軍事費の財政負担を緩和することを目的として陸海軍の軍縮が行われた時代である。つまり，大正期は，相反する軍拡と軍縮が実施され，従来の北進論から一転して南進論

【図表3-1】袁世凱政府に対する対華二十一ヵ条要求の全体像

> 　第一号は，山東省における旧ドイツ権益の継承に関する要求四カ条。
> 　第二号は，旅順・大連の租借期限及び南満州・安奉両鉄道の期限の延長，南満州・東部内蒙古における日本人の居住・営業などの自由に関する要求七カ条。
> 　第三号は，漢冶萍公司の日支合弁に関する要求二カ条。
> 　第四号は，支那沿岸の港湾や島嶼の他国への不割譲に関する要求一カ条。
> 　第五号は，支那全般にわたる希望条項としての七カ条。

（出所）日本政策研究センターホームページ参照。

が提唱された特異な時代でもある。そのため，本章では，大正期の軍事を巡る特異性を中心に軍事力とその軍事を支えた財政状態について検証したのである。

第1節　大正期の国防策と軍事財政

（1）　シーメンス海軍贈収賄事件による八八艦隊計画の頓挫

　日露戦争後，海軍は，世界的な海軍建艦競争に対抗するため大規模な軍拡要求を行った。しかし，シーメンス海軍贈収賄事件（ジーメンス事件とも称するが，以下，「シーメンス事件」とする）は，大正3（1914）年に生起した日本海軍の軍艦建造を巡る海軍贈収賄事件のことであるが，シーメンス・リヒテル事件とヴィッカーズ・金剛事件という内容の異なる二つの事件を包括している。

　周知のように，シーメンス・リヒテル事件とは，ドイツのシーメン社による軍艦・軍需品納入における海軍高官への国際的な贈収賄事件のことであり，そして，ヴィッカーズ・金剛事件とは，ヴィッカーズ社が三菱物産ルートを通じて行った海軍高官の藤井光五郎への金銭提供問題（巡洋戦艦の金剛受注のコミッション〈手数料〉を通常契約価格の2.5％から三井物産の要求により5.0％に引き上げた）のことである。そして，シーメンス事件が海軍にとって大きな痛手となったのは，山本権兵衛前首相と斎藤　実海軍大臣が引責辞任・予備役編入となり，第一世界大戦直前に優れた戦争指導者を喪失したことであり，次いで，国民の海軍に対する信頼を低下させ海軍力拡張のための財源確保を困難にしたことである。また，海軍の軍拡計画は，シーメンス事件により頓挫し，大正4（1915）年に戦艦8隻・巡洋艦8隻からなる八八隊の完成計画を戦艦8隻・巡洋艦4隻からなる八四艦隊に変更せざる負えなくなった。

（2）　第一次世界大戦参戦に伴う成金出現・戦時利得税課税

　日本は，イギリスとの日英同盟に基づきドイツから権益を奪取することを目的として，大正3（1914）年8月23日に，ドイツに宣戦布告して第一次世界大戦に参戦し，山東半島のドイツ租借地を攻撃し青島要塞を陥落させドイツ領の北太平洋諸島（マーシャル・マリアナ・パラオ・カロリン）を占領した。

　また，第一次世界大戦期の軍費としては，図表3-2に示すように，地方営業税が設けられ満州事変では営業税が課税されたが，営業税とは徳川幕藩時代に

【図表3-2】 営業税の流れ・営業税と営業収益税の収益額の推移

	明治11年	明治29年	大正15年	昭和15年	昭和23年
国税			営業税 ⟶	営業収益税 ⟶	営業税 ⟶
地方税	運上・冥加 ⟶	地方営業税 ⟶			営業税 ⟶
主な 出来事	・日清戦争	・日露戦争 ・第一次世界大戦	・世界恐慌 ・満州事変		

	明治30(1897)年度	構成比	昭和2(1927)年度	構成比	昭和16(1941)年度	構成比
第1位	地租 37,965千円	37.6%	酒税 242,037千円	24.7%	所得税 1,401,363千円	31.0%
第2位	酒税 31,105千円	30.8%	所得税 215,070千円	21.9%	臨時利得税 997,905千円	22.1%
第3位	煙草税 4,935千円	4.9%	砂糖消費税 79,286千円	8.1%	法人税 530,782千円	11.8%
営業税・営業収益税	営業税 4,416千円	4.4%	営業収益税 48,050千円	4.9%	営業税 87,185千円	1.9%
国税の総収入	100,884千円	100%	980,124千円	100%	4,515,596千円	100%

(出所) 国税庁・税務大学校 NETWORK 租税史料,「『煙草税のあゆみ』─煙草印紙の攻防─」参照。

【図表3-3】 戦時利得税

戦時利得税は,法人及び個人の利得に課税された。利得とは,法人の場合は平時事業年度の平均所得金額に対して20%以上の超過分,個人の場合は大正2年以前2年間の平均所得金額に対して20%以上の超過分を指す。この超過分に対し,法人は20%,個人は15%が課税される。戦時利得税の導入後における租税収入全体に占める割合は,大正7年度は所得税・酒税に次ぎ3位,大正8年度は酒税を抜いて2位である。

(出所) 国税庁ホームページ「大気景気と『成金税』」参照。

商工業者に対して運上金や冥加金として課税した税が転じたものである。その後,日本は,大正3 (1914) 年に勃発した第一次世界大戦により大戦 (特需) 景気に沸き,この景気を利用して政府は,所得税や酒税等の増徴にもとづく国防計画を練り,財源の不足額は,図表3-3に示すような「戦時利得税 (成金税)」あるいは「素晴らしい成金税」で補塡を図ったのである。第一世界大戦中には,軍需物資の補給を船舶等で行うことにより「成金」となる者が出現し,成金に

対する不満の声も国民間に高まっていた。そのため，戦時利得税（成金税）は，増税であるのにもかかわらず国民に歓迎されたが，大正8（1919）年にドイツとの間で講話条約が締結されると廃止された。大戦（特需）景気は，永続的な性質を有せず第一世界大戦の終焉により戦後恐慌が到来する。そのため，戦後恐慌時に組閣した第一次若槻礼次郎内閣は，金本位制を復活させ台湾銀行や鈴木商店の経営不振が招いた取り付け騒ぎも鎮静化させた。しかし，同案は枢密院で拒否され，その責めを負い第一次若槻内閣が総辞職して田中義一内閣が誕生し，田中内閣により支払猶予令（モラトリアム）が実施された。また，大正9（1920）年の所得税法改正では，軍備拡張を支えるための財源確保を目的として勤労所得及び扶養家族の控除を改善し，課税最低額を引き上げるという大改正が行われた。そして，大正15（1926）年の所得税法改正では，所得税を分類所得税と総合所得税に大別し，法人税を所得税から分離して創設したのである。

（3）　シベリア出兵時の航空兵力拡充方針と陸軍機密費事件

　従来，シベリア出兵は，無名の師として評価が低いが，それは，出兵に際して大義が明らかでないことが原因である[1]。そして，日本のシベリア出兵の大義を何に求めるべきかについては見解が分かれる。識者のなかには，東洋の平和維持と自国の自衛のために立ち上がったという者や日米共同の下，チェコスロバキア軍の救援のために立ち上がったという者もいる。一方，日本のシベリア出兵に対しては，ロシアへの内政干渉であり，シベリアにおける石油，石炭，鉱山物，材木等の資源を獲得するための出兵であったという批判も存在する。しかし，シベリア出兵が日本陸軍の近代化，特に航空兵力の拡充に果たした役割は大きい。実際に，シベリア出兵を機に陸軍における航空兵力の近代化が急速に進展したのは事実である。陸軍が航空兵力の拡充を図ったのは，仮想敵国であるドイツが航空機による攻撃を日本の大都市や港湾施設に仕掛けてくることを恐れたためである[2]。そして，日本陸軍は，日本のシベリア出兵を期待していたイギリスやフランスから大量の航空機を調達すると共に，フランスから操縦，偵察，観測，爆撃等の航空教育を受けたのである。

　また，大正7（1918）年2月の帝国議会における大島健一陸軍大臣の答弁に拠れば，陸軍が整備目的としていた航空機の機体数は240機程度であるが，こ

の購入費に充てられた資金は「山下献金（50万円）」と「臨時軍事費（約900万円）」であった[3]。そして，大正8年（1919）年にフランスからフォール（Jacques Anne-Marie Vincent Paul Faure）大佐を団長とする航空団が来日して陸軍の航空教育を行ったため，シベリア出兵時の陸軍航空機材と航空教育はフランス式で統一されたのである。つまり，イギリスが日本政府を軍艦の重要な販路先と考えたようにフランスも日本政府を航空機の重要な販路先として認識した。そして，臨時軍事費特別会計とは，戦時に関する陸海軍の軍事行動に対応するために設けられた会計であるため他省所管の関係費とは区別すべきものであり，「宣戦布告を行った戦争の戦費を処理することを目的として設けられた特別会計」のことである。そして，臨時軍事費特別会計は，陸軍臨時軍事費，海軍臨時軍事費，予備費の三項目で構成されており，戦争終結までを1会計年度とするが，軍事資金の運用を容易にするために支出時の自由裁量権が大きく認められており，会計検査院の検査も寛容な予算システムであった。

　臨時軍事費特別会計は，日清戦争や日露戦争に続き，第一次世界大戦とシベリア出兵時においても，図表3-4に示すように設けられた。しかし，第一次世界大戦・シベリア出兵期の臨時軍事費特別会計の歳出決算額は，開戦当初こそ巨額な臨時軍事費を要したが，山東半島のドイツ租借地を攻撃し青島要塞を陥落させた頃には比較的少額の軍費で賄うことができたため日露戦争期の約2分の1程度で済んだ[4]。臨時軍事費が増えるのは，大正7年（1918）年に陸軍がシベリアに出兵した頃からであり大正9年（1920）年度には2億2,2000万円と急速に増大する。そのため，シベリア出兵時の臨時軍事費特別会計では，公債金や借入金も臨時軍事費に充てられた。但し，シベリア出兵時の陸軍臨時軍事費特別会計では，陸軍大臣から政友会総裁に転出し内閣を組閣した田中義一を巡る疑惑である「陸軍機密費事件」も起き，大正15（1926）年3月4日の衆議院で憲政会の中野正剛代議士が陸軍の機密費横領について取り上げ帝国議会でも審議された。しかし，当問題を追及していた石田基次東京地裁検事局次席検事が東海道線大森―蒲田間の鉄橋下で変死体となって発見されたため疑惑が解明されることなく終息した。しかし，シベリア出兵期の臨時軍事費特別会計については不明確な支出も多く，例えば，シベリア撤兵後に計上された被服費及び兵器機費等は，必ずしも臨時軍事費特別会計で処理すべき性格のものとはいえず，ハバロフスクの銀行で入手した100万ルーブルの金塊が行方不明になり

【図表3-4】臨時軍事費特別会計の収支内訳　　　　　　　　　　単位：万円

歳入		歳出	
一般会計より繰入	3億 560	陸軍省所管	6億2422
公債金	4億4130	海軍省所管	2億5744
借入金	1億1450		
その他	2423	その他	1888
合計	9億 55	合計	9億 55

（注）大正3（1914）年8月から大正14（1925）年4月までの収支である。
（出所）大蔵省『明治大正財政史』第5巻（歳計・下）（財政経済学会，1937年）747-748ペ
　　　ージ参照。

未精算軍票も存在したのである[5]。

第2節　大正期の国防策の特異性

（1）　第一次世界大戦後の軍拡が生起した日米の建艦競争

　　第一次世界大戦後，日米間は建艦競争による軍拡の時代に突入した。例えば，米国が，大正8（1919）年にコロラド型戦艦（3万2600トン・16インチ砲8門搭載）2隻を起工し，さらに，大正9（1920）年にはコロラド型戦艦1隻，サウスダコタ型戦艦（4万3200トン・16インチ砲12門搭載）5隻，レキシントン型巡洋戦艦（4万3500トン・16インチ砲8門搭載）4隻の合計10隻を起工したのに対抗して，日本も大正9（1920）年に，土佐型戦艦（3万9900トン・16インチ砲10門搭載）2隻〈土佐・加賀〉と赤城型巡洋戦艦（4万1200トン・16インチ砲10門搭載）2隻〈赤城・天城〉の合計4隻を起工し，さらに，巡洋戦艦2隻と戦艦4隻の起工を準備していたため，国家予算（一般会計）に占める海軍側からの要求割合は，大正7（1918）年以降は20％を突破し，大正10（1921）年には31.6％に達し，それに伴い国家予算に占める軍事費の割合も大正7（1918）年度36.2％，大正8（1919）年度45.8％，大正9（2020）年度47.8％，大正10（1921）年度49.0％に達し国家財政の約半分を占めることになるのである[6]。すなわち，日本海軍は，対米7割の戦力保持による艦隊決戦という軍事戦略を伝統的に有していたが，建艦競争を続けるならば国家財政の危機を迎え

ることが予測されるため軍縮の機運が生まれたのである。

（2）　山梨半造陸軍大臣及び宇垣一成陸軍大臣の軍縮

　大正期に陸軍の軍縮を担当した者は，山梨半造陸軍大臣と宇垣一成陸軍大臣であり，其々「山梨軍縮」及び「宇垣軍縮」と称された。

　まず，大正11（1922）年，山梨陸軍大臣は，大正11年軍備整備要領を施行し第一次軍縮において，3個の野砲兵旅団司令部，6個の野砲兵連隊，1個の山砲連隊，1個の重砲兵大隊を廃止し，代わりに2個の野戦重砲兵旅団司令部，2個の野戦重砲兵連隊，1個の騎砲兵大隊，2個の飛行大隊を新設し，兵役年限の40日短縮により将校1,800名，准士官以下56,000名，馬匹1,300頭，経費3,540万円を縮減した。そして，大正12（1923）年にも第二次軍縮として，鉄道材料廠，2個の師団軍楽隊，2個の独立守備大隊，仙台陸軍幼年学校を廃止し2個の要塞（父島・奄美大島）司令部を新設したのである。つまり，山梨陸軍大臣は，人員を6万人整理し新式兵器を装備することにより軍の近代化を図ろうとしたのである。

　次いで，憲政会，政友会，革新倶楽部の護憲三派による加藤高明内閣が誕生すると，大正14（1925）年，宇垣一成陸軍大臣により第三次軍縮が行われた。宇垣軍縮では，第13（高田）師団，第15（豊橋）師団，第17（岡山）師団，第18（久留米）師団の各師団，16個の連隊司令部，2個の幼年学校等を廃止し，兵員38,894名，馬匹6,089頭を整理することにより1,295万円を節減し，代わりに1個の戦車連隊，1個の高射砲連隊，2個の飛行連隊，通信学校，陸軍科学研究所等を新設したのである。

　すなわち，山梨・宇垣軍縮は，非近代的軍備を整理し総力戦に求められる近代兵器を備えることを意図したものであるが，一見すると政党が求める軍縮に伴う財政整理の要求に応えるようにみえながらも，帝国陸軍の近代化を図ったという点において画期的な試みであったと評価できる。加えて，宇垣軍縮では，4個師団の大削減を行ったため，多数の将官の職を解くことになり人身の一新を図るという目的もあったと推測できる。

　また，国民の間に軍国主義を浸透させるうえで軍学校の存在は大きかったが，軍学校のなかでも特異な存在が陸軍幼年学校である。しかし，財政悪化のため陸軍幼年学校の存続については廃止論も起きており，銀行恐慌の際には，陸軍

【図表3-5】陸軍幼年学校出身者（陸軍幼年学校改革後の卒業生）の割合

区分	職種	出身者割合
陸軍省	陸軍大臣	60.00%
	陸軍次官	87.50%
	軍務局長	92.85%
	軍事課長	100.00%
参謀本部	参謀総長	100.00%
	参謀次長	77.77%
	第1部長	90.90%
	作戦課長	94.73%

（出所）秦　郁彦編著，『日本陸海軍総合辞典』（東京大学出版会，1991年）を基に自己作成。
（右）大正12年創業の富国徴兵保険相互会社のチラシ（著者所蔵）

幼年学校の経費も行財政整理の俎上にのぼり，貴族院議員の久保田　譲は，「陸軍の兵備は国状に照らして過大なることなきや，殊に幼年学校の如きは不必要な施設にあらざるか」[7]と述べている。実際に，陸軍幼年学校生徒に対する年間経費は，「生徒1人当たりの年間経費を比較すればその差は歴然とする。中学校では生徒1人に30〜45円ほどの経費をかけるのに対して，陸軍幼年学校ではその5〜8倍，200円以上もの経費を生徒1人にかけている」[8]ため，財政悪化のなか陸軍幼年学校の年間経費に対する批判が起きた。そして，陸軍幼年学校の存在の大きさについては，図表3-5に示すように，陸軍省及び参謀本部の主要ポストにおける幼年学校出身者の多さが示している。例えば，昭和陸軍の陸軍省及び参謀本部の主要ポストは，陸軍幼年学校出身者で占められていた。特に，陸軍の作戦を担当した参謀本部において陸軍幼年学校出身者の割合が高く，参謀総長（100.00%），第1部長（90.90%），作戦課長（94.73%）は高い数値を示している。例えば，陸軍の作戦を担う第1部長と作戦課長において旧姓中学出身者は2名（第1部長・宮崎周一中将，作戦課長・今村　均大佐）だけである。そして，陸軍省においても省内の中枢ポストである軍務局長と軍事課長において旧姓中学出身者は僅かに1名（軍務局長・佐藤賢了少将）にしか過ぎない。なお，大正期には，徴兵制に対応して徴兵保険も販売された。

（3） ワシントン海軍軍縮条約と南進論・南洋貿易

　海軍は，八八艦隊の建造を計画していたが八八艦隊の建造のためには国家予算の三分の一が求められるため，ワシントン海軍軍縮条約の締結は財政破綻を防ぐ効果があった。仮に，日米両国が戦艦及び巡洋戦艦の建艦競争をした場合には，米国が軍事支出の3分の1程度を建造費に回せばよいのに対して，日本は軍事支出の3分の2超を建造費に回すことが求められるため，海軍軍縮条約の締結は日本にとっては利のある提案であった。そのため，原　敬内閣は，海軍軍縮会議開催の提案を受け入れ，大正10（1921）年11月11日から大正11（1922）年2月6日まで米国のワシントンD.Cで開催されたワシントン会議において海軍の軍縮討議に参加した。そして，ワシントン会議では，(i)海軍軍縮条約，太平洋の現状維持に関する四ヵ国条約，中国の現状維持に関する九ヵ国条約が調印され，(ii)主力艦（主力艦＝巡洋戦艦）の建艦を10年間休止し，(iii)主力艦と航空母艦の保有比率（総トン数）を米5.0：英5.0：日3.0の比率とし，(iv)建造中・計画中の主力艦の全部と老朽主力艦の大部分を廃棄し，(v)主力艦は一万トンを超え三万五千トン以下の軍艦の主砲は16インチ以下とし，航空母艦は2万7千トン以下の軍艦の備砲は8インチ以下とする内容で調印することが検討された[9]。すなわち，ワシントン海軍軍縮条約の締結は，「海軍軍備制限条約が日本国の財政にとって救世主の役割を演じた」と評された[10]。日本が保有できる主力艦（戦艦・巡洋戦艦）の総トン数は，図表3-6に示すように，必ずしも満足のいく数値ではないが，国力差を考えた場合には許容できる内容であり，軍艦建造競争が招く財政破綻を回避できた。そして，ワシントン海軍軍縮条約は，海軍兵学校の生徒募集にも影響を与え，50期（272名），51期（255名），52期（236名）と毎年200名以上の卒業生を出していたが，大正10（1921）年から大正11（1922）年に入学した53期（卒業者62名）と54期（卒業者68名）は二桁

【図表3-6】ワシントン海軍軍縮条約における米英・日・仏伊の保有艦の総排水量比率

国別	主力艦	空母	巡洋艦
米英	50万トン（注）52万5,000トンに変更	13万5,000トン	制限なし
日本	30万トン（注）31万5,000トンに変更	8万1,000トン	
仏伊	17万5,000トン	6万トン	

【図表3-7】大正2（1913）年と大正5（1916）年日本と南洋貿易額　　単位：千円

年	区分	蘭領東インド	仏領インドネシア	シャム
大正2年 （1913年）	輸出	5,148	1,055	1,025
	輸入	37,389	24,699	5,793
大正5年 （1916年）	輸出	17,418	1,869	2,111
	輸入	14,228	6,036	2,949

（出所）日南公司南洋調査部『南洋年鑑興信録（第二版）』（1918年）208ページ。

の数に留まり，海軍士官数の抑制は軍事支出の削減効果をもたらした。

　また，大正11（1922）年，日本政府はヴェルサイユ条約にもとづき日本国の委任統治領となった南洋諸島のパラオ諸島に南洋庁を設置したが，大正期の南進論と明治期の南進論とは明らかに異なる。なぜならば，福沢諭吉門下が提唱した明治期の南進論は，脱亜主義的・欧米協調主義的な傾向が強いのに対して，大正期の南進論には，アジア主義的傾向が窺えるからである[11]。当時の国策は，国防線を大陸にまで拡大するべきであるという陸軍の大陸国家論（北進論）と海軍の海洋国家論（南進論）に二分されたが，南進論では「厦門，福州から九江，武昌へと至る鉄道借地権の獲得を目指す」という海軍の膨張主義が目立つ[12]。しかし，南進論者の多くは，国防と経済・財政の狭間のなかで国防（強国）よりも経済（富国）に重きを置いて「財政及び経済面における困窮を鑑みた場合，陸軍の二個師団増師案は現実的ではなく，これ以上の北進は経済上からも不可能である」と主張している[13]。一方，南洋には，多種の食料品物，工業原料，鉱物資源という重要な経済資源が満ち溢れており貿易面からも輸出超過の状態を示していた。実際に，日本国内は，大正3（1914）年から大正9（1920）年まで，大戦（特需）景気で沸き立ち，日本の南洋貿易は，図表3-7に示すように輸出が増加し輸入が減じたのである。

　大正3（1914）年，第1次世界大戦の発生に伴いドイツ領南洋諸島に軍政を敷いた日本は，第1次世界大戦後に同地域の委任統治を行ったが，日本が南進の拠点として台湾を植民地にしたことは大きい。なぜならば，台湾は，福建や広東に広がる華南文化を有するが，華南文化が南洋の華僑文化との同質性を有しているため台湾と南洋の間には文化的な障壁が存在せず，台湾を南進の拠点

とすることにより南洋支配が容易になったからである[14]。

　また，日本政府の高官の間では台湾の統治方法を巡り，特別統治主義を標榜する一派と内地延長主義を提唱する一派に分かれていた[15]。しかし，後藤新平（第4代台湾総督である児玉源太郎の民政長官）は，阿片取引の免許を漸次減少させると共に，特別統治主義に基づく台湾統治を実施し，明治32（1899）年度に，財政二十箇年計画を予算請求したのである。

　当時の台湾財政は，日本政府からの巨額の国庫補助を提供されることにより成立していた。例えば，明治29（1896）年の台湾総督府の歳入965万円のなかに占める国庫補助は694万円であり，明治30（1897）年の台湾総督府の歳入1,128万円のなかに占める国庫補助は596万円であった。そのため，台湾における自立財政を確立するために日本政府からの国庫補助金を削減し，明治42（1909）年以後における財政の自立化を目指したのである。具体的には，嗜好品等の専売制度を実施するともに台湾事業公債法に基づく事業公債を発行した。そして，大正9（1920）年，明石元二郎総督は，台湾総督府官房に外事課及び調査課を設け南洋問題に取り組んだが，大正7（1918）年に設立された官房調査課及び官房外事課と台湾総督府の外部団体として台湾総督府から継続的に多額の補助金を得ていた南洋協会は，南支及び南洋地域の調査研究と情報収集に貢献した。しかし，南洋貿易の振興を目指しアジア主義的イデオロギーを擁する南進論は次第に後退する。例えば，徳富蘇峰は，「民族の発展，領土の拡張，国運の新開に重きを置くのであれば北守や大陸経営を主眼とするべきである」と論じるが，当時の風潮において南進論は，北進論の補助的存在にしか過ぎなかったのである[16]。

（4）　海軍軍縮下の揚子江における河川砲艦による砲艦外交

　日本海軍は，諸外国に比べて多くの河川砲艦を運用しているが，一口に河川砲艦と言っても様々な艦種が存在している。一般的に，河川砲艦は揚子江河畔の居留民保護とジャンクなどの中国船の臨検を主たる任とした砲艦を代表とするが，政治情勢に応じて砲艦も次第に変化しており，後年，河川砲艦以外にも，揚子江だけではなく河口沿岸部の防衛を任された砲艦や輸送船船団の海上護衛を目的とする砲艦も誕生した。

　しかし，河川砲艦は，戦艦，航空母艦に比べると地味な存在であり，駆逐艦

や潜水艦のように周知されていないため，河川砲艦の武勲についてはほとんど知られていないが，海軍の駐屯権は，条約上の根拠に基づき，内河航行権，港湾常駐権，領事補佐権，商業保護権，学術研究権，海賊追跡権及び秩序維持権など多岐に亘り，この駐屯権を拠りどころとして，諸外国の軍隊（砲艦）は，支那（中国）大陸の戦乱から自国民を守るために駐兵したのである[17]。例えば，揚子江艦隊の主力艦は河川砲艦であるが，揚子江艦隊とは，日本海軍の正式な艦隊名称ではなく，映画『揚子江艦隊　漢口攻略の記録』（東宝映画，1939年公開）に由来する通称である。

　揚子江（現在の長江）は，中国大陸を横断する巨大な河川として交通機関や物流の主体であり，揚子江河畔には多くの邦人居留民の生活拠点が散在していたため河畔の居留民保護と上海，武漢（漢口を含む武漢三鎮），九江，重慶などの要衝を繋ぐ船舶の安全保障を目的として揚子江艦隊が組織化された。

　通常，河川用砲艦は，船体の深さが2メートル，基準排数量が150トンから300トン，吃水も0.6mから1.0m程度であり，八センチ又は十二センチ単装砲一門と七・七ミリ機関銃数挺を兵装として装備したが，船体の全長が短く全幅が広い上甲板に居住区，主機関，ボイラー等の諸設備を剥き出しに搭載していたため下駄船とも称された。そして，砲艦のなかには，「勢多型」砲艦（大正12年，三菱造船神戸造船所と播磨造船所で「勢多」を一番艦として，「比良」，「堅田」，「保津」と4艦が建造された）のように操縦性に優れているため，水流八ノットの難所である揚子江流域の"三峡の険"も通行することができた船もあった。

　また，日本海軍における河川砲艦の地位は高く平時には「動く領事館」としての役割を期待され，砲艦の艦長には，駆逐艦艦長や潜水艦艦長を歴任した海軍兵学校出身の佐官クラスが軍服を着た外交官として起用され，艦首に菊花の紋章をつけて砲艦外交の一翼を担っていた。つまり，河川砲艦には，欧米列強に伍して威を示すという砲艦外交という役割も与えられていたが，砲艦外交とは，威圧・威嚇する外交的意図をもって海軍力を運用することであり，親善訪問であっても潜在的な脅威を秘めた示威的行動であると説明される[18]。そのため，艦首に菊花の紋章を付けた艦艇が揚子江に浮かぶことが重要であり，河川砲艦は，アメリカ，イギリス，イタリア，フランス等の欧米列強に伍して砲艦外交という武勲を十分に果たしたのである。そして，河川砲艦艦長を重視す

るという傾向は，戦局の悪化により海軍士官の消耗が激しくなっても引き継がれ，艦長には貴重な海軍兵学校出身の艦長が充てられているのである。そのため，たとえ数百トン程度の河川砲艦であっても各国艦艇は礼を尽くさなければならず，揚子江上下流を往来する艦艇間においてもこの儀礼事は遵守されていた。河川用砲艦の本来の任務は，揚子江沿岸の警戒と揚子江を航行する中国船舶に対する臨検であるため，大規模艦艇や重装備を求められていなかったが，ジャンク船（木造帆船）程度の小艦艇からみれば日本海軍の河川砲艦の存在は脅威であった。

第3節　治安維持法による過激社会運動の取締り

（1）　第一次世界大戦の好景気による米騒動の発生

　大正7（1918）年，米価は，第一次世界大戦中に値上がりし，米作を営む地主階層や米穀商の買い占めにより高騰し国民生活に多大な負担をかけた。なぜならば，日本には，欧州から民需関係や軍需関係の注文が多く寄せられたため，好景気となり米価を押し上げたが，続くシベリア出兵によりさらに米価が高騰したからである。寺内正毅内閣総理大臣は，暴利取締令を公布し米の出し惜しみを禁じ外国米の輸入も行ったが米価は下落せず安定しなかった。そして，大正7（1918）年7月23日，富山県内で「越中女房一揆」と称される騒動が発生し，米価の高騰に苦しめられた漁村の主婦約50名が銀行の倉庫で行われていた北海道への米俵の積み出しを差し止め，米穀商に対して米の値下げと米の移出の中止を懇願した。そして，富山県内で起きた米騒動は，8月中旬以後に，全国（1道3府38県）の都市に飛び火したが，当初の請願から放火・打ち壊しや米の強奪という暴力性を帯びたものに次第に変化したのである。そして，米騒動に対する世論の高まりは9月21日に寺内正毅内閣を総辞職させ，9月29日に国民から平民宰相と称された原　敬内閣が誕生したのである。なお，第一次世界大戦は，大正7（1918）年11月11日に終結した。

（2）　日ソ基本条約の締結と治安維持法の制定

　大正6（1917）年11月，ロシアの十一月革命は，ソビエト連邦共和国（以下，「ソ連」とする）を誕生させたが，ソ連は，大正12（1923）年1月の孫文・ヨッ

【図表3-8】　治安維持法の内容

> 　この法律は，結社そのものを罰する点でも，思想や研究までも弾圧する点でも，前例のないものでした。そのうえ28年には大改悪が加えられました。まず，最高刑が懲役10年だったのを，国体変革目的の行為に対しては死刑・無期懲役を加え天皇制批判には極刑でのぞむ姿勢をあらわにしました。また「結社の目的遂行の為にする行為」一切を禁止する「目的遂行罪」も加わり，自由主義的な研究・言論や，宗教団体の教義・信条さえも「目的遂行」につながるとされていき，国民全体が弾圧対象になりました。さらに41年には，刑期終了後も拘禁できる予防拘禁制度などの改悪が加えられました。治安維持法の運用では，明治期制定の警察犯処罰令など，一連の治安法規も一体的に利用し現場では令状なしの捜索や取り調べ中の拷問・虐待が日常的に横行しました。

（出所）日本共産党「しんぶん赤旗」（2002年2月13日）参照。

フェ共同宣言（中国国民党と中国共産党の合作に関する中ソ間の合意）や1924（大正13）年5月の中ソ国交回復（帝政ロシアが結んだ権益や治外法権などを放棄し，平等な国交関係を規定）など，中国ナショナリズムとの連携によってワシントン体制へ挑戦する姿勢を明らかにしている[19]。

　中ソ国交回復下，第二次加藤高明内閣の幣原喜重郎外務大臣は，ソ連と中国ナショナリズムの接近という国際情勢を受けて，ワシントン体制の不安定要因であったソ連との関係の平常化のため，大正13（1924）年5月以降61回の正式会議を経て，「日ソ基本条約」の締結を目指した。同条約は，大正14（1925）年1月20日に調印され，同年2月25日に批准された[20]。しかし，日ソ基本条約の締結による国交樹立は，ソ連から社会主義思想が日本国内に流入し拡散する恐れを大正期の日本政府に与えた。そのため，日本政府は，国内政治の安定を目的として「治安維持法」を制定した。治安維持法は，天皇を頂点とする国家体制の樹立＝国内安全保障の確立において効果的な政策であったと評価されるが，一方で，図表3-8に示すように，数多くの社会主義者や活動家を弾圧したという批判的見解もある。

　また，治安維持法が制定された理由としては，第二次加藤内閣において普通選挙が成立し，25歳以上の男性に選挙権が与えられたため，選挙人の拡大が社会運動と結びつくことを恐れた政府の思惑があった可能性も指摘できる[21]。

（3） 植民地の司法・行政を担った憲兵警察制度

　韓国統監府の伊藤博文初代統監と曾禰荒助第二代統監は，日本人警察顧問（日本人警察官僚）の下で大韓帝国の韓国警察に対して朝鮮半島の治安維持を委ねる構想を有していたが，この伊藤・曾禰構想は，元老の山県有朋と寺内正毅陸軍大臣の反対にあって頓挫する。山県と寺内は，帝国陸軍内部に大韓帝国の韓国警察を吸収統合し，新たな警察組織として「憲兵警察制度」を創設することを意図していた。この憲兵警察制度は，寺内が，明石元二郎憲兵隊司令官に警務総長を兼務させることにより誕生する。つまり，憲兵警察制度では，憲兵隊司令部の憲兵隊司令官（日本陸軍将官）が警務統監部の警務総長を兼任し，憲兵隊本部の憲兵隊長（日本陸軍憲兵佐官）が各県警務部の警務部長を兼任することにより，「憲兵隊を主体とした警察機構が，義兵などの抗日勢力に対する情報収集・討伐などの治安維持業務に加え，犯罪即決処分，衛生事務，戸籍事務など多方面にわたる司法・行政事務を担った」[22]のである。

　その後，大正4（1915）年の三・一独立運動の勃発に伴い，普通警察制度に移行するまでは，憲兵隊のなかに韓国警察（文官警察）を組み込んだ憲兵警察制度が治安維持及び警察行政を担うことになり武断政治が展開された。そして，憲兵軍事制度は独り朝鮮のみでなく，関東州においても採用されているが，関東州の支配においては，関東都督府，南満州鉄道株式会社，日本領事館の三者が鼎立していた状態であったため，朝鮮での経験に基づいて関東州でも警察機構を統一化する必要があったのである。

　しかし，関東州の憲兵警察制度においては，朝鮮の憲兵軍事制度とは異なり，警察官の長が憲兵の長を兼任することを認めていない。これは，義兵闘争の鎮圧を目的とする朝鮮とは異なり，関東州では義兵鎮圧を目的とする必要がなかったからである。

　また，憲兵警察制度の役割については功罪半ばしており，例えば，大韓帝国から朝鮮総督府の支配に移行する時期に憲兵警察制度が朝鮮半島の治安維持及び警察行政に果たした役割は大きいが，一方で，皇民化政策の一翼を担った憲兵警察制度に対しては，朝鮮民族の民族意識を衰退させ朝鮮民族の存続を危うくさせた組織であるという批判もある。

小　括

　日本の戦時財政は，大正3（1914）年に勃発した第一次世界大戦により好景気を迎える。なぜならば，日本国内は連合国の兵站基地として機能し，第一次世界大戦（特需）景気に沸いたからである。しかし，この好景気は一過性のものであり，第一次世界大戦が終息すると大戦（特需）景気も収束し戦後恐慌に突入する。そのため，一部の識者は，北方の脅威に備えた北方論よりも経済活動を重視した南進論を唱え陸海軍も軍縮を行うのである。特に，日本海軍は，対米7割の戦力保有による艦隊決戦という軍事戦略を有していたが，国家財政の観点からも建艦競争を続けることが難しくワシントン海軍軍縮条約締結へと向かうのである。

　本章では，対外戦争を財政面から支えた存在である「臨時軍事費特別会計」について検証した。臨時軍事費特別会計は，軍事に関する陸海軍の軍事行動に対応するために設けられた会計であるため他省所管の関係費とは区別すべきものであり，陸軍臨時軍事費，海軍臨時軍事費，予備費の三項目で構成され戦争終結までを1会計年度とするが，その特徴としては，「軍事資金の運用を容易にするために，支出における自由裁量権が大きく認められており，会計検査院の検査も寛容な予算システムである」と説明される。つまり，臨時軍事費特別会計は，臨時軍事費の支出における自由裁量面が強く働き，支出に対する会計検査院の検査も厳しくないため，軍事費を自由に使用することができる便利な予算として認識されたのであるが，このような自由裁量を許した要因としては，軍事費の増大に対する歯止めが効く存在である元老の発言力の低下に伴う軍部発言力の強大化が考えられる。例えば，日清戦争・日露戦争では，元老として山県有朋，伊藤博文，井上馨が存在し，日露戦争後も，桂　太郎，西園寺公望等が元老として政界で重きをなしていたため，軍部独走にある程度の歯止めをかけることができた。

　また，軍費調達においては，陸海軍の軍事行動における臨時軍事費特別会計の重要性が認識できる。但し，シベリア出兵時の臨時軍事費特別会計については不明確な支出も多く，シベリア撤兵後に計上されている被服費及び兵器機費等は，必ずしも臨時軍事費特別会計で処理すべき性格のものとはいえず，ハバロフスクの銀行で入手した100万ルーブルの金塊が行方不明になり未精算軍票

も存在していた。しかし，臨時軍事費特別会計が戦争財政において果たした役割は大きく，第一次世界大戦・シベリア出兵において軍費を支えた存在であったことは紛れもない事実である。換言するならば，日本は，臨時軍事費特別会計が存在しなければ対外戦争を遂行することはできなかったのである。

注

（1）　原　輝之著，『シベリア出兵―革命と干渉』（筑摩書房，1989年）387ページ。
（2）　大阪毎日新聞，「対露策如何　帝国は独勢の東漸を看過せんとするか」1918年2月4日に詳しい。
（3）　第40回帝国議会・衆議院・予算委員会第4分科（陸軍省及海軍省所管）会議録第4回（大正7年2月6日）参照。
（4）　関野満夫著，『日本の戦時財政　日中戦争・アジア太平洋戦争の財政分析』中央大学学術図書（102）（中央大学出版部，2021年）28ページ，及び『昭和財政史』第4巻（臨時軍事費）11-13ページに詳しい。
（5）　渡辺延志著，『軍事機密費』（岩波書店，2018年）193ページ。
（6）　山田　朗著，『軍備拡張の近代史　日本軍の膨張と崩壊』（吉川弘文館，2016年）78-81ページ。
（7）　久保田　譲稿，「学政振張と財政」『太陽』7巻1号（1901年）7ページ。
（8）　野邑理栄子稿，「日本陸軍エリート養成制度の研究―陸軍幼年学校体制の発足とその展開―」神戸大学大学院総合人間科学研究科（2001年）73ページ。
（9）　山田　前掲書　87ページ。
（10）　武井大助稿，「海軍軍備制限条約の財政的意義（下）」『国家学会雑誌』（第14巻第8号）（1925年5月）参照。
（11）　大正期の南進論の研究者としては，矢野　暢稿，「大正期『南進論』の特質」『東南アジア研究』（1978年），及び中村孝志稿，「『大正南進期』と台湾」『南方文化』（1981年）等が存在する。
（12）　入江　昭著，『日本の外交』（中央公論社，1966年）53-55・73-74ページ。
（13）　碧落閣主人稿，「北方発展と南方発展との利害観」『太陽』臨増号（1913年）68ページ。
（14）　大蔵省管理局編，『日本人の海外活動に関する歴史的調査』第28冊「中南支篇」第2分冊，59-60ページ参照。
（15）　特別統治主義とは，後藤新平が提唱した「国内の内地法を採用することなく台湾を独立した植民地として認識し特殊な支配体制の下で台湾統治を行うべきである」という政治手法であり，内地延長主義とは，原　敬が提唱した「台湾を内地の一部として認識し内地法を適用するべきである」という政治手法である。
（16）　徳富蘇峰著，『時務一家言』（民友社，1913年）282ページ。
（17）　東中野修道稿，「砲艦比良の南京難民支援活動―土井伸二『支那警備記念』―」『亜細亜法學』49巻1号（亜細亜大学，2014年）104ページ。
（18）　廣瀬泰輔稿，「日本のあるべき外交・安全保障」『松下政経塾塾生レポート』（松下

政経塾，2012年）に詳しい。

(19)　外務省展示資料「日ソ基本条約（1925年1月20日）〈批准書〉」参照。

(20)　同上。

(21)　政党政治の復活を目指した憲政会の第一次加藤高明内閣には，高橋是清（立憲政友会）と犬養　毅（革新倶楽部）が入閣したため護憲三派内閣と称されたが，第二次加藤内閣は憲政会の単独政権であった。

(22)　松田利彦稿，「近代日本植民地における『憲兵警察制度』に見る『統治様式の遷移』—朝鮮から関東州・『満州国』へ」『日本研究』（国際日本文化研究センター，2007年）472ページ。

参考文献

麻田雅文著，『シベリア出兵—近代日本の忘れられた七年戦争』（中央公論新社，2006年）

入江　昭著，『日本の外交』（中央公論社，1966年）

関野満夫著，『日本の戦時財政　日中戦争・アジア太平洋戦争の財政分析』中央大学学術図書（102）（中央大学出版部，2021年）

等松春夫著，『日本帝国と委任統治　南洋群島をめぐる国際政治1914-1947』（名古屋大学出版会，2011年）

徳富蘇峰著，『時務一家言』（民友社，1913年）

奈倉文二・横井勝彦・小野塚知二共著，『日英兵器産業とジーメンス事件—武器移転の国際経済史—』（2003年，日本経済評論社）

野邑理栄子著，『陸軍幼年学校体制の研究—エリート養成と軍事・教育・政治—（吉川弘文館，2006年）

秦　郁彦編著，『日本陸海軍総合辞典』（東京大学出版会，1991年）

原　暉之著，『シベリア出兵—革命と干渉』（筑摩書房，1989年）

細谷千博著，『シベリア出兵の史的研究』（有斐閣，1955年）

山田　朗著，『軍拡拡張の近代史　日本軍の膨張と崩壊』（吉川弘文館，2016年）

渡辺延志著，『軍事機密費』（岩波書店，2018年）

第4章　昭和期の安全保障と戦後税財政

はじめに

　昭和期は，金融恐慌が経済界に打撃を与え，アジア太平洋戦争にも参戦した動乱の時代であるが，アジア太平洋戦争においてポツダム宣言を受諾した日本の戦後の経済復興は驚異的なものであった。戦後の日本は，連合国軍総司令部（General Headquarters, 以下，「GHQ」とする）の管理下で，経済安定9原則やドッジ・ライン（Dodge Line）を実施したが，逆にドッジ不況が生じた。しかし，戦後の日本は，サンフランシスコ平和（講話）条約調印（「日本国との平和条約」又は「対日平和条約」とも称する）を経て朝鮮特需を契機として急速に経済成長を遂げる。朝鮮特需とは，大韓民国（以下，「韓国」とする）と朝鮮民主主義人民共和国（以下，「北朝鮮」とする）との間で発生した朝鮮半島の領有を賭けた国際紛争により発生した好景気であるが，朝鮮特需は一時的なものに過ぎず日本経済は景気停滞と景気拡大を繰り返す。そして，昭和60（1985）年代には，為替相場の安定を目的として先進国の間でプラザ合意やルーブル合意がなされ，外国為替相場への協調介入が行われるが，日本では，昭和61（1986）年12月から平成3（1991）年2月までの間にバブル景気が生まれ数年で崩壊した。そして，昭和期は，政府与党自民党の安全保障策と経済政策が実施された時代であり，警察予備隊が組織化され自衛隊が誕生し，新安全保障条約と沖縄返還協定が締結され，そして，所得倍増計画と日本列島改造が実施された時代である。

　また，昭和24（1949）年，シャウプ（C. S. Shoup）が来日し，申告制度の整備と課税の公平性の実現を目指して『シャウプ使節団日本税制報告書』（Report on Japanese Taxation by the Shoup Mission, vol. 1〜4, 1949, 以下，「シャウプ勧告」とする）を公表し日本の税制に多大な影響を与えた。そして，政府は，国家財政の再建のため税制を整備しながら公共事業費及び出資金等の

財源補塡を目的として建設国債（4条公債）を発行し，昭和40（1965）年度の補正予算において特例国債（以下，「赤字国債」とする）を発行した。つまり，昭和期は，戦後財政から驚異的な経済復興を果たしながらも赤字国債に依存せざるおえなかった稀有な時代である。よって，本章では，まず，アジア太平洋戦争により破綻した財政の復興について検証し，次いで，驚異的な経済復興を遂げたにもかかわらず赤字国債に依存せざるおえなかった戦後の日本財政について考察し，さらに，安全保障と思いやり予算の双務的関係について分析した。

第1節　アジア太平洋戦争終戦前の国防策と軍事財政

（1）　昭和恐慌後に登場した高橋是清の積極財政

　昭和恐慌は，昭和2（1927）年の昭和金融恐慌や昭和4（1929）年の世界恐慌を受けて，昭和5（1930）年から昭和6（1931）年にかけて発生したが，昭和2（1927）年3月14日の衆議院予算総会における片岡直温大蔵大臣の「本日，東京渡辺銀行が破綻した」という発言に端を発する。なぜならば，片岡発言を受けて預金者の間に動揺が生じ休業に追い込まれる銀行が多く出現したからである。次いで，昭和2（1927）年4月5日，日本最大の総合商社であった鈴木商店の経営破綻が発表され，鈴木商店に対して巨額融資を行っていた台湾銀行も休業に追い込まれ金融恐慌が本格化したのである。

　また，昭和6（1931）年から昭和11（1936）年の間に，犬養　毅，斎藤　実，岡田啓介の歴代内閣において大蔵大臣を務めたのが高橋是清である。高橋は，財政再建と戦費調達を目的として金輸出を再禁止し金本位制を停止することにより，事実上の管理通貨制度への移行を図り，金流出に伴うデフレ効果を防ぐことで円安も実現したのである。つまり，高橋は，前任者である井上準之助大蔵大臣が主導した「金本位制を重視し物価の引き下げを実現する」という緊縮財政を否定し，「金本位制から離脱して通貨量を増やすと共に赤字国債を発行し財政支出を拡大する」という積極財政を展開したのである。その結果，高橋の積極財政は，公定歩合の引き下げ効果や為替相場の好転を生み出し輸出額を増加させ株価も上昇させたのである。

（2） 満州国建国・国際連盟脱退と二・二六事件の勃発

昭和7（1932）年9月，日本は，満州国を独立国として承認する「日満議定書」に調印した。満州国は，陸軍（関東軍）が日本・蒙古・満州・朝鮮・漢による「五族協和」をスローガンにして清朝最後の皇帝溥儀を奉戴して建国した事実上の日本の植民地であった。昭和8（1933）年2月24日の国際連盟総会では，日本の中国からの撤退を求めるリットン調査団の報告書（資料参照）が，賛成42・反対1（日本）・棄権1（タイ）として承認された。反対票を投じた松

〔資料〕 リットン調査団の報告書

満州事変に関する現地調査委員会である「リットン調査団」が作成した，いわゆる「リットン報告書」は外務省記録「満州事変（支那兵ノ満鉄柳条溝爆破ニ因ル日，支軍衝突関係）善後措置関係　国際連盟支那調査員関係　報告書関係（日，支両国意見書ヲ含ム）」に収められています。また，報告書の全文が『日本外交文書　満州事変（別巻）』に採録されています。1931年（昭和6年）9月18日の柳条湖事件勃発以降，錦州爆撃，北部満州のチチハル占領など，関東軍による軍事行動拡大が続くなか，中国からの正式提訴を受けた国際連盟は，「両国間ノ紛争ノ現存原因ノ終局的解決ヲ容易ナラシムル」ため，5名からなる調査委員会を派遣することを決定しました。英国のリットン伯爵のほか，米国，フランス，ドイツ，イタリアの5カ国から選出された調査委員は，翌1932年（昭和7年）2月から日本と中国を訪問して調査を行いました。こうした視察調査をへて，リットンらは同年9月4日に調査結果の報告書をまとめ，10月1日には日中両国などに通達しました。報告書はまず，満州をめぐる日中間の諸問題など歴史的背景と事変勃発前後の経緯について，日本軍の行動は，「合法ナル自衛ノ措置ト認ムルコトヲ得ズ」とし，また「満洲国」は日本軍の存在と日本の文武官憲の活動がなければ成立しなかったと論じています。そのうえで報告書は，日中間の紛争解決のためには，1931年9月（柳条湖事件）前の状態への復帰は問題とならず，現制度より進展させるべきと指摘し，事態解決の原則及び条件として，日中双方の利益と両立することや満州における日本の利益の承認，日中間の新たな条約関係の設定など10項目を明示しています。そして，報告書は上記の条件に合致する一つの方法として，日中両国を連盟理事会に招請して，東三省（満州）に特別な行政組織を設置することを審議・勧告するための諮問会議の開催などを提議しました。しかし，日本側は事前に報告書の全貌をつかみながら，報告書公表前の1932年9月15日に「満洲国」を承認しました。その後，日本は連盟内で孤立を深め，1933年（昭和8年）3月27日には国際連盟に脱退を通告することになりました。

（出所）外務省

岡洋右等の日本代表団は退場し，同年3月27日に国際連盟からの脱退を通告した。

　また，昭和恐慌は，農民及び漁民の生活を困窮させ自分の娘を身売りする者も多く出たが，巨大資本を有する財閥が富み栄えることになった。このような時勢のなか，陸軍は，統制派と皇道派の二派に分かれ陸軍部内の主導権争いを繰り広げていた。そして，昭和11（1936）年，国家社会主義者の北一輝の『日本改造法案大綱』の影響を受け憂国の念を抱いた皇道派の青年将校グループが二・二六事件を起こした。当時は，昭和7（1932）年に海軍士官による五・一五事件が起き，昭和9（1934）年に陸軍士官学校事件が起きているが，二・二六事件は青年将校の指揮のもとで，1400余名の下士官兵が参加し，岡田啓介首相（脱出），高橋是清蔵相（殺害），斎藤　実内大臣（殺害），鈴木貫太郎侍従長（重傷），渡辺錠太郎教育総監（殺害），牧野伸顕伯爵（脱出）等の政府首脳及び重臣を襲撃したクーデター未遂事件である。昭和天皇は，反乱部隊に対して討伐命令を発し反乱を鎮圧し反乱将校は，軍法会議にて死刑判決を受けた。

（3）　十五年戦争を支えた財閥資本と支那事変特別税法

　満州事変は，昭和6（1931）年9月18日に，関東軍が南満州鉄道の線路を爆破した柳条湖事件に端を発し関東軍は満州（中国東北部）を占領し，昭和12（1937）年7月7日の盧溝橋事件を契機として支那事変が起こしたが，昭和20（1945）年8月15日までの期間を「十五年戦争」と称する[1]。

　また，十五年戦争を支えたのは，「財閥資本」の存在である。財閥資本は，「国家資本と結合し，財閥の成立発展はいずれも戦争を背景としないものはなく，それらはいずれも『死の商人』という極印を貼り付けられ」ており，第1級四大財閥（三井・三菱・住友・安田），第2級財閥（大倉・古河・浅野・渋沢・川崎・野村）と満州事変以後の戦時経済において軍部と結びつくことによって急激に成長してきた新興財閥（日窒・日曹・森・中島・川崎・理研）により形成されている[2]。

　一般的に，金融，商社，流通，鉱砿業，重化学業等に投資している総合的多角的事業体である財閥は，「商業的な三井，工業的な三菱と称されるが，日中戦争が始まる時期のいわば財閥コンツェルンがピークとなった昭和12（1937）年頃には，安田の金融業が目立つが，三井，三菱，住友はいずれも重工業を重

【図表4-1】 重要産業の集中度（昭和12年現在）

産業部門別	総企業数	巨大企業数	集中度	巨大企業名
アルミ製造業	4	4	100.0	日本電気工業・日満アルミニューム・住友アルミニューム製鉄　等
板ガラス	3	3	100.0	旭ガラス・日本板硝子・徳永板硝子　等
洋紙製造	17	10	99.3	王子製紙・三菱製紙・北越製紙・昭和製紙　等
製鉄業	約20	3	97.8	日本製鉄・日本鋼管　等
硫安製造業	11	10	93.5	東洋高圧工業・昭和肥料・住友化学工業・宇部窒素・電気化学工業　他
製糸業	約1,800	2	81.6	片倉製糸紡績・群是製糸
セメント製造業	28	10	78.5	浅野セメント・大阪窯業セメント・小野田セメント製造・宇部セメント製造・磐城セメント　等
人造絹糸製造業	21	10	76.1	帝国人造絹糸・東洋レーヨン・倉敷絹織　等
石炭砿業	約500	10	60.6	三井鉱山・三菱鉱業　他
綿紡績業	82	10	59.1	東洋紡績・大日本紡績・鐘淵紡績・倉敷紡績　等
海運業	174	10	46.8	日本郵船・大阪商船・大連汽船・国際汽船　他

（出所）武藤守一稿，「財閥解体政策の基盤とその変遷―日本経済の従属化と軍事化への序説―」『立命館経済学』第1巻第5・6号（1952年）228ページ。

視しており大差ない」[3]のである。そして，昭和12年（1937）年時点における日本国内の重要な産業は，図表4-1に示すように，財閥に属する少数の巨大企業により独占され圧倒的な支配力を確立していた。つまり，財閥資本は，日清戦争・日露戦争を機に政商から財閥へと転化し，戦火の拡大に歩調を合わせるように成長し続け，軍需物資の後方支援の任を担ったのであるが，アジア太平洋戦争の敗戦に伴い財閥解体されるのである。

また，日本は，戦争遂行のために北支事変特別税法や物品特別税・入場税な

【図表4-2】アジア太平洋戦争中の租税収入と軍事費の割合

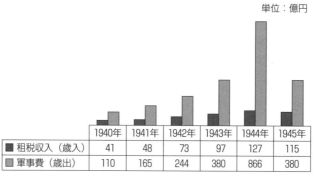

単位：億円

	1940年	1941年	1942年	1943年	1944年	1945年
■ 租税収入（歳入）	41	48	73	97	127	115
■ 軍事費（歳出）	110	165	244	380	866	380

（出所）『昭和財政史』第 4 巻（臨時軍事費）資料Ⅱ統計21ページ及
び『大蔵省史』第 2 巻366-391ページ参照。

どの新しい国税を生み出したが，支那事変の軍事費を担ったのは，所得税，法人超過所得税，法人資本税等の増税を拠りどころとする支那事変特別税法であった。なぜならば，日本の国債は，国際金融市場での支持を得ることができず，日露戦争時のように軍事費を外国債で賄うという方策も採用できなかったからである。そのため，戦時財政を支えるために国債に替わり特別税が採用されたのである。例えば，昭和12（1937）年の支那事変を転機として，「その軍事財源の大半以上を公債に依存したが，金融市場の逼迫により公債の消化は悪化傾向をたどり，変わりの軍事財源を一年限りとする支那事変特別税で 3 億8,300万円を国民の負担に求めた」[4]のである。そして，アジア太平洋戦争期の財政は，図表4-2に示すように，歳出に占める軍事費の割合が租税収入に比べると著しく増加している。例えば，昭和15（1940）年に比べると，戦争末期の昭和19（1944）年の租税収入が約 3 倍に増加したのに対して軍事費が約 8 倍に増加している。そして，戦時下の租税収入において多くを占めていたのは，図表4-3に示すように，所得税や法人税等の所得課税や特別税であり，直接税と間接税の割合は 8 対 2 であったが租税収入と軍事費の差額は，図表4-4に示すように，内国債で賄われていたのである。つまり，戦時財政は，租税収入に支えられていたが，租税収入と軍事費の差額は国債発行に依存しており国債の新規発行に占める割合は，図表4-5に示すように平均79％あった。そして，昭和12（1937）

【図表4-3】アジア太平洋戦争中の（1944年）の租税収入割合

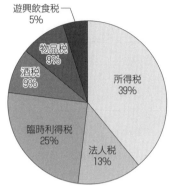

（出所）『大蔵省史』第2巻430-432ページ参照。

【図表4-4】国債残高の推移

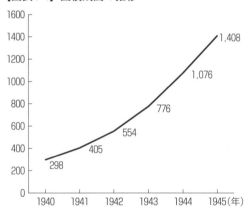

（出所）『昭和財政史』第6巻（国債）資料Ⅱ統計1ページ参照。
（右）昭和13年の広告（著者所蔵）

年から昭和16（1941）年までの8年間に15回もの予算編成が行われ臨時軍事費
特別会計が設けられた。臨時軍事費特別会計は，軍事に関する陸海軍の軍事行
動に対応するために設けられた会計であるため，他省所管の関係費とは区別す
べきものであり，陸軍臨時軍事費，海軍臨時軍事費，予備費の三項目で構成さ
れ戦争終結までを1会計年度とする。そして，臨時軍事特別会計の特徴として

【図表4-5】軍事公債が国債新規発行に占める割合（%）

年度	歳入補塡公債	植民地事業公債	内地事業公債	軍事公債(A)	総額(B)	(A)÷(B)
1937	355	52	71	1,751	2,230	78%
1938	579	88	55	3,807	4,530	84%
1939	940	142	64	4,371	5,517	79%
1940	1,265	166	65	5,228	6,885	75%
1941	2,433	159	119	7,100	10,191	69%
1942	308	175	75	12,564	13,719	91%
1943	1,866	408	232	17,538	20,471	86%
1944	5,870	654	568	23,809	30,810	77%
1945	9,011	—	990	32,260	42,474	76%
合計	22,627	1,844	2,239	108,428	136,827	79%

（出所）関野満夫稿,「日本の戦費調達と国債」『経済学論纂』第60巻第 2 号（中央大学,
　　　2019年）71ページ, 及び『昭和財政史』第 6 巻（国債）292ページ（第81表）・389
　　　ページ（第114表）を基に作成。

は,「軍事資金の運用を容易にするために, 支出における自由裁量権が大きく
認められており, 会計検査院の検査も寛容な予算システムである」と説明され
る。さらに, 昭和15（1940）年以降は, 陸海軍の区分もなくなり費目間の予算
流用についても大幅に自由度が広がり事後の検査が同時に緩和されたのであ
る[5]。つまり, 臨時軍事費特別会計は, 臨時軍事費の支出における自由裁量面
が強くなり支出に対する会計検査院の検査も厳しくないため, 軍事費を自由に
使用することができる便利な予算として認識されたのである。

（4）ABCD 包囲網・開戦とアジア太平洋戦争の評価

　ABCD 包囲網とは, アメリカ（A）, ブリテイン英国（B）, チャイナ（C）, ダ
ッチ＝オランダ（D）の頭文字をとった 4 カ国による日本に対する経済包囲網
のことであり, 米国は, 昭和14（1939）年以後, 鉄・クズ鉄など対日禁輸を強
め, 昭和16（1941）年 7 月に日本の在米金融資産を凍結し, 8 月には決定的な
「石油」の対日全面禁輸に踏み切ったのである[6]。

【図表4-6】国民政府末期の内国税　　　　　　　　　　　　　　　　　単位：千円

区分	民国17(1928)年	民国18(1929)年	民国19(1930)年	大同(1932)年
収益税	53,367	48,355	46,144	14,244
消費税	27,796	39,217	30,851	28,507
塩税	(23,710)	(27,227)	(19,334)	(18,820)
巻煙草税	(434)	(8,418)	(7,955)	(5,976)
酒税	(3,652)	(3,572)	(3,310)	(1,819)
3種統税			(252)	(1,892)
交通税	7,177	7,157	7,125	2,467
その他	3,290	2,332	2,419	1,427
計	88,340	97,061	86,539	46,645

（出所）満州国財政部『建国後二於ケル内国税制度整理改善ノ概要』（1935年）67-69ページ，
　　　及び平井廣一稿，「満州国における内国税構造の概観」『経済学部北星論集』第48巻第
　　　1号（北星学園大学，2008年）2ページに基づき作成。

　一方，日本は，昭和16（1941）年12月8日，真珠湾攻撃を行いアジア太平洋戦争の開戦に踏み切るが，昭和18（1943）年に，ビルマのバー・モウ総理大臣，タイのワンワイタヤコーン殿下（首相代理），フィリピンのホセ・ラウレル大統領，中華民国の汪兆銘行政院長，満州国の張景国総理大臣，自由インド仮政府のチャンドラ・ボース首班らの首脳会議「大東亜会議」（日本の東条英機首相の主催）において，「人種差別撤廃」と「互恵精神でアジアの共存共栄」を宣言した[7]。

　また，大東亜会議には，参加国が日本国の植民地や日本軍管理下の傀儡政権にすぎないという批判的見解も存在するが，逆に，アジア諸国の独立運動を支援したという評価もある。実際に，日本は，郷土防衛義勇軍（インドネシア），フィリピン人義勇軍（フィリピン），越南青年先鋒隊（ベトナム），国民義勇軍（インド）等の多くの独立義勇軍の誕生に貢献し，日本陸軍から軍事訓練を受けた若者たちは建国後に国軍の中核を担い，政治，経済，社会，文化等の面でも国家を牽引する勢力に成長している。そのため，日本がアジア太平洋戦争に参戦し東南アジア各地を占領したことによりアジア地域に独立戦争や革命運動を生起させ，日本軍の軍事行動が独立運動の触媒として機能したと評価されている[8]。

　なお，日本が独立を支援した満州国の財政は，図表4-6に示すように，内国税（消費税）の多数を塩税が占めるという脆弱なものであった。

第 2 節　アジア太平洋戦争終戦後の景気変動と財政政策

（1）　経済安定 9 原則・Dodge Line と平和条約調印

　アジア太平洋戦争の終結後，GHQ の管理下で，財閥解体や農地改革等が実施されたが，経済安定 9 原則も実施された。なぜならば，当時の日本経済は，産業基盤が脆弱であり国際的競争力も乏しく輸出も停滞しており，さらに，日本政府が傾斜生産方式を採用して基幹産業への融資を重視したためインフラ状態となっていたからである。そのため，占領期の昭和23（1948）年12月，GHQ から日本政府に対して，インフレーションの抑制と日本経済の早期の自立化を目的として予算の均衡，徴税の強化，融資の制限，賃金の安定，物価の統制，貿易事務の改善，物資割当の改善，工業生産の増産，食糧集荷の改善という経済安定 9 原則の指令が発せられた。

　昭和24（1949）年 2 月 1 日，アメリカ合衆国のデトロイト銀行取締役のジョゼフ・マレル・ドッジ（Joseph Morrell Dodge）が公使兼 GHQ 財政顧問として来日し，戦後インフラの抑制と経済安定化政策の実現を目的として「ドッジ・ライン（Dodge Line）」と称する経済政策を提案した。つまり，ドッジ・ラインは，GHQ の指令に基づいて実行された経済安定 9 原則の実現を目指していた。しかし，ドッジ・ラインは，デフレ政策を推進し赤字財政の解消のために超均衡予算の編成や単一為替レート（1 ドル360円）の実施を行うとともに，国内に流通している通貨の供給量を減少させたため，逆に，多くの企業倒産や失業者を生み出すことになった。なお，ドッジ・ラインがもたらした不況はドッジ不況と称された。そして，昭和26（1951）年 9 月 8 日，サンフランシスコ平和会議が開催され，吉田　茂全権が平和条約署名式に出席し，会議参加国のうちソビエト連邦，ポーランド，チェコソロバキアの 3 ヵ国を除く49ヵ国が平和（講話）条約に署名し，日本は国際社会に復帰したのである。

（2）　朝鮮特需による戦後復興及び戦後の景気サイクル

　朝鮮戦争とは，韓国と北朝鮮との間で生じた朝鮮半島の領有と主権を賭けた

国際紛争である。そして，朝鮮戦争では，韓国をアメリカ合衆国軍と自由主義陣営の西側諸国が支援し，北朝鮮を中華人民共和国（以下，「中国」とする）が支援したため戦乱が3年間続いたが，その後，昭和28（1953）年7月27日に両陣営の間で朝鮮戦争休戦協定が署名され，北緯38度線付近を軍事境界線として休戦状態となっている。そして，朝鮮特需とは，朝鮮戦争に際して在朝鮮米軍及び在日米軍が日本企業に対して軍需物資を注文したことにより発生したと特需景気のことであるが，3年間の特需金額は約10億ドルと評され，食料品，繊維製品（土嚢用麻袋・軍服・毛布・綿布・テント等），コンクリート材料（セメント・骨材等），運輸機械類（トラック・鉄道貨車・乾電池等），金属製品（ナパーム弾用タンク・航空機燃料タンク・有刺鉄条鋼柱・有刺鉄線・ドラム缶・燃料タンク等）の軍需物資が発注され，車両や船舶・機械関係の修理も依頼された。つまり，朝鮮戦争が生起した朝鮮特需は，日本経済の復興に大きな影響を与えるとともに軍需関連企業の好景気によって法人税の税収も大きく増加したのである。

その後，ベトナム特需が生まれるが，朝鮮特需が直接特需として兵器関連輸出の比重が大きかったのに対し，ベトナム特需では，兵器関連輸出だけでなくトラック（トヨタ自動車・三菱重工業），野戦用レントゲン（島津製作所），ジャングルシューズ（東邦ゴム・藤倉ゴム），ワイヤー（日立電線），トランシーバー（松下電器・東芝）等の資材の比重が大きいが，当初，米国が韓国からの優先輸入したため日本からの輸入は必ずしも大きなものではなかった。やがて，日本からの輸出が次第に増加し，実質成長率が昭和41（1966）年には二桁を記録する。そして，日本は，米国と対米国際収支協力を締結するが，対米国際収支協力とは，米国の要求を満たすだけの米国製兵器を購入できなければ米国債権を購入するという資本収支協力のことである[9]。そして，米国のジョンソン（Lyndon Baines Johnson）大統領は，ベトナム戦争によりアジアの同盟国に流失したドルの回収を目的としドルによる防衛協力と軍事支援をセットにすることによりベトナム戦争で喪失した戦争資金の一部回復に成功している[10]。

一方，米国統治下の琉球は，ベトナム戦争における米軍の出撃基地としての役割を担い，対ベトナムゲリラ戦の訓練施設を米軍に提供するとともに，マスタードガス・VHガス等の毒ガスや枯葉剤等を備蓄して米軍に提供したのである。そして，経済面においても米軍に対する軍需物資の供給源となり軍需企業

【図表4-7】　戦後の景気サイクル

ドッジライン デフレ政策 （景気低迷）	朝鮮戦争 朝鮮特需 （景気回復）	朝鮮戦争休戦 世界的不況 （景気停滞）	サンフランシスコ 講和条約締結 （景気拡大）	神武景気 高度経済成長 （景気上昇）

【図表4-8】　昭和期の景気変動

神武景気 1954年12月から 1957年6月まで （31か月間）	岩戸景気 1958月7月から 1961年12月まで （42か月間）	いざなぎ景気 1965年11月から 1970年7月まで （57か月間）	第1次（1973年） 第2次（1979年） オイル・ショック の発生	バブル景気 （1986年）の発生 バブル経済 （1991年）の崩壊

　が活況化するが，駐留米軍の慰安を目的とするコザ（現沖縄市）や那覇の飲食店も好景気に沸きドルの雨が降ったと評された。そして，戦後の景気は，図表4-7に示すように，(i)ドッジ・ラインのデフレ政策を受けての景気低迷，(ii)朝鮮戦争・朝鮮特需に伴う景気回復，(iii)朝鮮戦争の休戦と世界的不況による景気停滞，(iv)サンフランシスコ平和（講和）条約の締結（1951年9月8日調印）による景気拡大，(v)神武景気と高度経済成長というように好景気と不景気を交互に繰り返している（神武景気とは，昭和29〔1954〕年12月に発生し昭和32（1957）年6月まで31か月間続いた好景気のことである）。

　また，昭和30（1950）年代の財政は，公共事業や社会保障関係費等の増大に伴い拡大し続けるが，高度経済成長期がもたらす税収の自然増により一般会計において均衡予算が維持された。しかし，昭和33（1958）年7月から昭和36（1961）年12月まで42か月間続いた「岩戸景気」が終焉を迎えると公共事業や社会保障関係費等の財源を支えるために「国債」の発行が求められたのである。

その後，財政は，国際収支の悪化に伴い昭和40（1960）年代になると不況の様相を帯び始めた。そのため，政府は，歳入の補填を目的として補正予算を組織し積極的な財政政策を講じて不景気に対応し，昭和40（1965）年11月から昭和45（1970）年7月まで57か月間続いた「いざなぎ景気」と称される好景気期を到来させた。つまり，昭和期には，図表4-8に示すように，「神武景気」，「岩戸景気」，「いざなぎ景気」という好景気が発生し，そして，昭和48（1973）年に第1次オイル・ショックが発生し，昭和54（1979）年に第2次オイル・ショックが発生するのである。

（3） プラザ合意及びルーブル合意の役割

プラザ合意（Plaza Accord）とは，昭和60（1985）年9月22日，先進国5ヵ国G5（日・米・英・独・仏）の大蔵大臣（米国の財務長官を含む）と中央銀行総裁がニューヨークのプラザホテルに集合して合意した為替ルートの安定化策のことである。プラザ合意の主たる内容は，「各国の外国為替相場の協調介入によりアメリカの輸送競争力を高め貿易赤字の削減を目的としてドル高を是正する」ことであった。つまり，参加各国は，外国為替市場に算入することによりドルに対して参加国の通過を10％から12％切り下げドル安により米国の輸出競争力を高めることに同意したのである。例えば，円は，プラザ合意した昭和61（1986）年12月の1ドル＝242円から昭和63（1988年）年1月には1ドル＝128円まで円高が進行した。

その後，ルーブル合意（Louvre Agreement）がなされるが，ルーブル合意とは，昭和62（1987）年2月，パリのルーブル宮殿で開催された7ヵ国（G5・加・伊）の財務大臣と中央銀行総裁が参加した会議のことであり「ドル安を是正し為替相場を安定させる」ことで合意した。しかし，日本経済においては，日本銀行が主導する低金利政策により円高が生じることになり，昭和61（1986）年12月から平成3（1991）年2月までバブル景気が生まれたのである。バブル景気は，金融機関の積極的な関与による土地の資産価値や株価の上昇を前提とした投機的要素が強い投資であったが，無理な投機が恒久的に続くわけもなく平成3（1991）年2月に崩壊する。つまり，バブ景気とは，日本銀行の低金利政策（公定歩合の切り下げ）により土地や株式等の資産価額（含み益）が著しく高騰したことにより生み出された経済のことであり，特に，土地の資

産価値は崩れることがないという土地神話を生んだ。しかし，バブル景気は，公定歩合が引き上げられ，融資時の総量規制が実施され，そして，地価税が導入されたことにより崩壊するが，泡のように生まれて泡のように消えたという意味でバブル景気・バブル崩壊と呼ばれたのである。

　なお，地価税とは，個人又は法人が課税時期（その年の1月1日午前零時）において保有している国内にある土地等を対象として年々課税される税金のことである。但し，平成10（1998）年以後の各年の課税時期に係る地価税については，臨時的措置として，当分の間，課税されないこととなり，申告書の必要もないのである。

（4）特例国債（赤字国債）の発行と財政民主主義の問題点

　公債は，国債と地方債に大別されるが，近年，国家財政の歳出に占める税収の割合は，図表4-9に示すように約60％程度であり国債に依存している。国債とは，財政法第4条第1項に拠り，政府が歳出に占める税収額の不足分を補い安定した財政運営を行うことを目的とした借入金のことである。そして，地方債とは，地方財政法第5条を拠りどころとする地方公共団体が発行する公債の

【図表4-9】令和4年度の一般会計　歳出・歳入の構成，租税収入及び印紙収入の予算

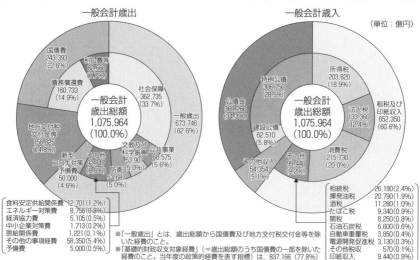

（出所）財務省「財政に関する資料」及び「税収に関する資料」

【図表4-10】 一般会計税収・歳出総額及び公債発行額の推移

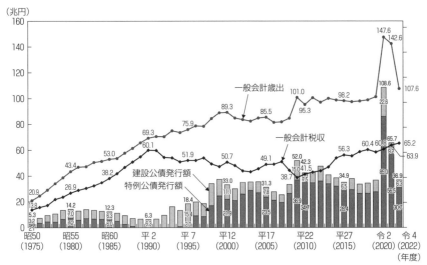

（出所）財務省「財政に関する資料」参照。

　ことであり，建設事業費や公営企業運営費等の補填を目的としている。
　また，国債は，「国の歳出は，公債又は借入金以外の歳入を以て，その財源としなければならない。但し，公共事業費，出資金及び貸付金の財源については，国会の議決を経た範囲内で，公債を発行し又は借入金をなすことができる」と定めており，政府は，財政赤字部分の補填を目的として，図表4-10に示すように公共事業費及び出資金等の財源補填を目的として建設国債（４条公債）を発行し，そして，昭和40（1965）年度の補正予算において１年限りの特定公債法を定め，図表4-11に示すように赤字国債を発行したのである。建設国債は，財政法に基づいて発行される債権のことであり，国会の議決を経た金額の範囲内で発行することが認められており，一般会計予算総則に発行限度額が計上されている。次いで，赤字国債とは，建設国債を発行しても歳入が不足すると見込まれる場合には，公共事業費以外の歳出に充てる資金を調達することを目的として特別の法律に基づいて発行される国債のことである。つまり，赤字国債は，建設国債と同様に，国会の議決を経た金額の範囲内で発行することが認められており，一般会計予算総則に発行限度額が計上される。加えて，国債には復興

【図表4-11】建設国債（４条公債）と特例国際（赤字国債）

(1)　建設国債

　財政法第４条第１項は，「国の歳出は原則として国債又は借入金以外の歳入をもって賄うこと」と規定していますが，一方で，ただし書きにより公共事業費，出資金及び貸付金の財源については，例外的に国債発行又は借入金により調達することを認めています。この財政法第４条第１項ただし書きに基づいて発行される国債は「建設国債」と呼ばれています。この建設国債は，国会の議決を経た金額の範囲内で発行できるとされており，その発行限度額は，一般会計予算総則に計上されています。また，公共事業費の範囲についても国会の議決を経る必要があり，同じく一般会計予算総則に規定されています（財政法第４条第３項）。この限度額の議決を経ようとする時に合わせて，その参考として，年度別の償還予定額を示し，償還方法・償還期限を明らかにする償還計画表を国会に提出することとされています（財政法第４条第２項）。

(2)　特例国債

　建設国債を発行しても，なお歳入が不足すると見込まれる場合には，政府は公共事業費以外の歳出に充てる資金を調達することを目的として，特別の法律（平成28年度予算を例に取れば，「財政運営に必要な財源の確保を図るための公債の発行の特例に関する法律」）によって国債を発行することがあります。通常，これらの国債は「特例国債」と呼ばれますが，その性質から「赤字国債」と呼ばれることもあります。特例国債は，建設国債と同様に国会の議決を経た金額の範囲内で発行できることとされ，一般会計予算総則にその発行限度額が計上されています。また，その参考として，国会での審議の際には建設国債と同様に，償還計画表を提出することになっています。

（出所）財務書ホームページ参照。

債もある。復興債は，東日本大震災からの復興のための施策を実施するために必要な財源の確保に関する特別措置法に基づき，東日本大震災からの復旧・復興事業に必要な財源を確保することを目的として，各年度の予算をもって国会の議決を経た金額の範囲内で発行される。その後，赤字国債の発行は，昭和50（1975）年度予算において特例法が制定されてから，図表4-12に示すように恒久化・状態化している。

　また，財政民主主義（第83条）は，国会財政中心主義とも呼ばれ「国家が財政を行う場合には，国民から選出された議会の議決が求められる」という日本国憲法下の概念であり，租税を賦課徴収する場合には必ず議会の制定した法律

【図表4-12】普通国債残高の累増

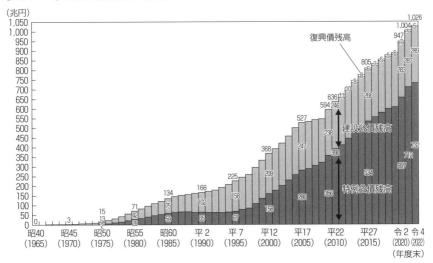

(出所) 財務省「財政に関する資料」参照。

に基づかなければならないという租税法律主義（第84条）を拠りどころとする。そして，財政民主主義は，憲法第91条との関係も深く，「憲法第91条は，内閣が国民に対して財政状況を報告する義務を有しているが，国民に対して正確な情報を明らかに示し，国の財政状況に関する判断を国民に誤らせないようにすることは財政民主主義にとって欠かせない」[11]と説明される。しかし，財政民主主義には問題点も指摘されている。例えば，財政民主主義に拠れば，予算は国会の議決を経なければならないが，予算の成立は衆議院と参議院の両院の同意を求められておらず，衆議院の議決を優先するため他の法律に比べて成立しやすくなっている。つまり，国家財政の根幹を成す予算は，必ずしも国会の議決に拘束されないという問題点を抱えているのである。そして，財政民主主義の持病とは，「財政の規律を軽視し，必要な増税や歳出削減を見送って借金に頼り続ける日本の病のことを呼ぶが，この財政民主主義の仕組みの弱点は，有権者が税や社会保障などで目先の損得にこだわると，その支持を競う政治家が不人気を恐れて財政の健全化に向き合わなくなることであり，国債発行で借金を繰り返し，将来へつけを回すのが持病になることであり…借金を背負わされる国民の将来（世代間の採取）が心配になる」[12]のである。

第3節　日米安全保障条約の調印と国防力の強化

（1）　日米安全保障条約調印と警察予備隊令施行

　日本の安全保障を担っているのは，日米安全保障条約（以下，「日米安保条約」とする）と自衛隊の存在であるが，昭和26（1951）年9月8日，吉田　茂全権がサンフランシスコ米陸軍第六司令部にて日米安保条約の調印書に署名し，吉田全権とアチソン国務長官との間で日本の国際連合に対する協力に関する交換公文が取り交わされたが，日米安保条約は，図表4-13に示す内容である。

　また，昭和25（1950）年，朝鮮戦争に動員された日本駐留米軍に代わり，「日本の平和と秩序の維持と警察力の補完」を目的として警察予備隊令が公布され警察予備隊（75,000名）が創設され海上保安官（8,000名）が増員された。

（2）　憲法第9条下で許容される武力行使と自衛隊の誕生

　昭和29（1954）年には，池田勇人（自由党政調会長）とウォルター・ロバー

【図表4-13】日米安全保障条約

第1条
　国連憲章は，加盟国が従うべき行動原則として，「その国際関係において，武力による威嚇又は武力の行使を，いかなる国の領土保全又は政治的独立に対するものも，また，国際連合の目的と両立しない他のいかなる方法によるものも慎まなければならない」（第2条4）としており，加盟国は，自衛権の行使に当たる場合や国連安全保障理事会による所要の決定がある場合等国連憲章により認められる場合を除くほか，武力の行使を禁じられている。第1条の規定は，この国連憲章の武力不行使の原則を改めて確認し，日米安保条約が純粋に防衛的性格のものであることを宣明している。

第2条
　この規定は，安保条約を締結するに当たり，両国が当然のことながら相互信頼関係の基礎の上に立ち，政治，経済，社会の各分野において同じ自由主義の立場から緊密に連絡していくことを確認したものである。

第3条
　この規定は，我が国から見れば，米国の対日防衛義務に対応して，我が国も憲法の範囲内で自らの防衛能力の整備に努めるとともに，米国の防衛能力向上について応分の協力をするとの原則を定めたものである。

　これは，沿革的には，米国の上院で1948年に決議されたヴァンデンバーク決議を背景とするものであり，NATO（北大西洋条約機構）その他の防衛条約にも類似の規定がある。同決議の趣旨は，米国が他国を防衛する義務を負う以上は，その相手国は，自らの防衛のために自助努力を行ない，また，米国に対しても，防衛面で協力する意思を持った国でなければならないということである。

　ただし，我が国の場合には，「相互援助」といっても，憲法の範囲内のものに限られることを明確にするために，「憲法上の規定に従うことを条件」としている

第4条

　この規定は，（イ）日米安保条約の実施に関して必要ある場合及び（ロ）我が国の安全又は極東の平和及び安全に対する脅威が生じた場合には，日米双方が随時協議する旨を定めている。本条を根拠として設けられている日米協議の場としては，安全保障協議委員会（日本側は外務大臣及び防衛庁長官，米国側は国務長官及び国防長官という，いわゆる「2＋2」で構成される。）が存在するが，これに限られることなく，通常の外交ルートを通じての協議もこの規定にいう随時協議に含まれ得る。

第5条

　第5条は，米国の対日防衛義務を定めており，安保条約の中核的な規定である。この条文は，日米両国が，「日本国の施政の下にある領域における，いずれか一方に対する武力攻撃」に対し，「共通の危険に対処するよう行動する」としており，我が国の施政の下にある領域内にある米軍に対する攻撃を含め，我が国の施政の下にある領域に対する武力攻撃が発生した場合には，両国が共同して日本防衛に当たる旨規定している。第5条後段の国連安全保障理事会との関係を定めた規定は，国連憲章上，加盟国による自衛権の行使は，同理事会が国際の平和及び安全の維持に必要な措置をとるまでの暫定的な性格のものであり，自衛権の行使に当たって加盟国がとった措置は，直ちに同理事会に報告しなければならないこと（憲章第51条）を念頭に置いたものである。

第6条

　侵略に対する抑止力としての日米安保条約の機能が有効に保持されていくためには，我が国が，平素より米軍の駐留を認め，米軍が使用する施設・区域を必要に応じて提供できる体制を確保しておく必要がある。第6条は，このための規定である。第6条前段は，我が国の米国に対する施設・区域の提供義務を規定するとともに，提供された施設・区域の米軍による使用目的を定めたものである。日米安保条約の目的が，我が国自身に対する侵略を抑止することに加え，我が国の安全が極東の安全と密接に結びついているとの認識の下に，極東地域全体の平和の維持に寄与することにあることは前述のとおりであり，本条において，我が国の提供する施設・区域の使用目的を「日本国の安全」並びに「極東における国際の平和及び安全

の維持」に寄与することと定めているのは、このためである。第6条後段は、施設・区域の使用に関連する具体的事項及び我が国における駐留米軍の法的地位に関しては、日米間の別個の協定によるべき旨を定めている。なお、施設・区域の使用および駐留米軍の地位を規律する別個の協定は、いわゆる日米地位協定である。

　米軍による施設・区域の使用に関しては、「条約第6条の実施に関する交換公文」（いわゆる「岸・ハーター交換公文」）（PDF）が存在する。この交換公文は、以下の三つの事項に関しては、我が国の領域内にある米軍が、我が国の意思に反して一方的な行動をとることがないよう、米国政府が日本政府に事前に協議することを義務づけたものである。

・米軍の我が国への配置における重要な変更（陸上部隊の場合は一個師団程度、空軍の場合はこれに相当するもの、海軍の場合は、一機動部隊程度の配置をいう。）。

・我が国の領域内にある米軍の装備における重要な変更（核弾頭及び中・長距離ミサイルの持込み並びにそれらの基地の建設をいう。）。

・我が国から行なわれる戦闘作戦行動（PDF）（第5条に基づいて行なわれるものを除く。）のための基地としての日本国内の施設・区域の使用。

　なお、核兵器の持込みに関しては、従来から我が国政府は、非核三原則を堅持し、いかなる場合にもこれを拒否するとの方針を明確にしてきている。

第10条

　この条文は、日米安保条約は、当初の10年の有効期間（固定期間）が経過した後は、日米いずれか一方の意思により、1年間の予告で廃棄できる旨規定しており、逆に言えば、そのような意思表示がない限り条約が存続する、いわゆる「自動延長」方式である。本条に基づき、1970年に日米安保条約の効力は延長されて、今日に至っている。

（出所）外務省ホームページ「日米安全保障条約（主要規定の解説）」参照。

トソン（国務次官補）との間で「池田・ロバートソン会談」が設けられ日米相互防衛援助協定（MSA協定）が締結された。吉田　茂首相は、池田・ロバートソン会談を受けて、昭和29（1954）7月1日に自衛隊法を施行し、陸上自衛隊（保安隊を改組）、海上自衛隊（警備隊を改組）、航空自衛隊（新設）を整備した。

　しかし、日本国憲法は、平和主義の理想を掲げ、専守防衛を基本方針としているため、憲法第9条下で許容される自衛の措置が論点となった。通説は、憲法第9条1項で、「日本国民は、正義と秩序を基調とする国際平和を着実に希求し、国権の発動たる戦争と、武力による威嚇又は武力の行使は、国際紛争を

解決する手段としては，永久にこれを放棄する」と規定し，さらに憲法第9条
2項において，「前項の目的を達するため，陸海空軍その他の戦力は，これを
保持しない。国の交戦権は，これを認めない」と規定しているため侵略戦争を
放棄し交戦権も否定すると解することができる。一方，防衛省自衛隊ホームペ
ージ（憲法第9条の趣旨についての政府見解）に拠れば，「平成26（2014）年7
月1日の閣議決定では，憲法9条はその文言からすると，国際関係における
『武力行使』を一切禁じているように見えますが，憲法前文で確認している
『国民の平和的生存権』や憲法第13条『生命，自由及び幸福追求に対する国
民の権利』は国政の上で最大の尊重を必要とする旨定めている趣旨を踏まえて
考えると，憲法第9条が，わが国が自国の平和と安全を維持し，その存立を全
うするために必要な自衛の措置を採ることを禁じているとは到底解されません。
一方，この自衛の措置は，あくまでも外国の武力攻撃によって国民の生命，自
由及び幸福追求の権利が根底から覆されるという急迫，不正の事態に対処し，

著者がヘリコプターに搭乗した陸上自衛隊立川駐屯地（2020年撮影）

国民のこれらの権利を守るためのやむを得ない措置として初めて容認されるものであり，そのための必要最小限度の『武力行使』は許容されます。これが，憲法第9条のもとで例外的に許容される『武力の行使』について，従来から政府が一貫して表明してきた見解の根幹，いわば基本的な論理であり，昭和47（1972）年10月14日に参議院決算委員会に対し政府から提出された資料『集団的自衛権と憲法との関係』に明確に示されているところです」と説明される。

　つまり，憲法9条下で，自衛隊は，日本国や日本国と密接な関係にある他国に対する武力攻撃が発生し，わが国の存立が脅かされ，国民の生命，自由および幸福追求の権利が根底から覆される明白な危険がある場合には，適当な手段を講じても危険が避けられなければ，必要最低限の実力を行使することが認められていると解することででき，防衛省自衛隊は，この平成26（2014）年7月1日の閣議決定を支持しているのである。すなわち，日本政府は，「自衛隊は，憲法上必要最小限度を超える実力を保持し得ない等の制約下にあり，通常の観念で考えられる軍隊には該当せず，自衛隊が国際法上の軍隊として取り扱われるか否やかは，個々の国際法の趣旨に照らし合わせて判断されることになる」との見解を示したのであるが，交戦権及び集団的自衛権については，第5章第1節にて論じる。

第4節　与党・自由民主党による外交政策と経済政策

（1）　新安全保障条約締結と沖縄返還協定締結

　昭和35（1960）年1月19日，岸　信介総理大臣は，昭和26（1951）年に締結された日米安保条約の不平等性の解消を目指して，新たに，「日本国とアメリカ合衆国との間の相互協力及び安全保障条約」（以下，「新日米安保条約」とする）に調印した。新日米安保条約とは，日米間の平和相互援助条約であり，米国の義務（外国からの武力攻撃に対して日本を防衛すること）と日本の義務（日本の施政権の下の領域内で米国軍が武力攻撃を受けた場合に日本が防衛すること）が明記されている。しかし，国会における新日米安保条約の審議は混乱し50日間の会期延長を可決し，5月20日に本会議で新日米安保条約を承認した。そして，6月23日に批准書が日米間で交換され新日米安保条約が発効し岸内閣は退陣を表明したのである。

【図表4-14】沖縄返還（本土復帰）までの経緯

年月	内容
昭和27（1952）年4月	サンフランシスコ講話条約発効
昭和40（1965）年8月	佐藤栄作首相が沖縄訪問しコメントを発表
昭和44（1969）年11月	佐藤＝ニクソンによる日米首脳会談で返還に合意
昭和46（1971）年6月	沖縄返還協定に調印
昭和47（1972）年5月	沖縄返還（本土復帰）

　また，佐藤栄作総理大臣は，昭和40（1965）年に，沖縄を訪れた際に「沖縄が復帰しない限り，日本の戦争は終わらない」というコメントを発表し，昭和44（1969）年11月の佐藤＝ニクソンによる日米首脳会談では，日米安全保障条約の堅持と「核抜き，本土並み，72年返還」の基本方針の合意が確認された。そして，昭和46（1971）年6月に沖縄返還協定が調印され，昭和47（1972）年5月15日に沖縄が日本に返還された。しかし，沖縄返還に際して，日本側がアメリカに対して3億2千万ドルを支払ったため批判された。

　新日米安保条約調印に際して「安保闘争」が生起したが，沖縄返還に際してもアメリカ軍が嘉手納基地を継続使用したため反対運動が生起している。そして，平成・令和の時代にも名護市の辺野古基地建設を巡り反対運動が続いている。しかし，台湾有事の国際紛争の危機が叫ばれるなか，日本の安全保障において新日米安保条約や沖縄米軍基地の果たしている役割は極めて大きいのである。なお，沖縄返還（本土復帰）までの経緯は，図表4-14に示す。

（2）所得倍増計画と日本列島改造論

　所得倍増計画は，岸　信介内閣が着手し，昭和35（1960）年に，後継の池田勇人総理大臣が「国民所得倍増計画」を閣議決定した。同計画では，昭和36（1961）年4月期から10年間で実質国民総生産を26兆円にまで倍増させ，社会保障の実現や社会資本の充実を目標とした。そして，高度経済成長を支える人材の育成を目的とととして，工業・科学技術の新興や教育にも力を注いだのである。そして，池田内閣の所得倍増計画は，株価を高騰させ史上最高値を打ち出し，日本経済成長の大転換期を演出した政策であると評価されている。

　また，日本列島改造論とは，田中角栄総理大臣が昭和47（1972）年6月11日に発表した政策綱領のことであり，田中首相の私的諮問機関である「日本列島改造問題懇談会」が設置されるとグリーンピア構想の実現に向けて会合を重ね，田中の"今太閣"人気にも支えられ日本国内に列島改造ブームが生まれた。しかし，列島改造ブームは，不動産の高騰による地価の上昇や物価高によるインフレーションを巻き起こし社会問題化し，第四次中東戦争が勃発するとオイルショックが生起し，狂乱物価と呼ばれるほど経済が大混乱したのである。すなわち，昭和期に政府与党自民党政権が実施した「所得倍増計画」と「日本列島改造論」はその評価を大きく分けることになった。

第5節　シャウプ使節団の来日による税制改正

（1）　申告納税制度の整備による課税の公平性の実現

　戦後税制は，シャウプ（C. S. Shoup）使節団の調査と助言を端緒とする。コロンビア大学のシャウプ博士を中核とする7名の租税法（租税理論を含む）専門家により構成されたシャウプ使節団は，日本国占領軍総司令部の招聘により昭和24（1949）年5月10日に来日し，約3か月半の調査・検討を経て，「シャウプ使節団日本税制報告書」（Report on Japanese Taxation by the Shoup Mission, vol. 1から4, 1949）を発表する。一般的に，「シャウプ使節団日本税制報告書」と，昭和25（1950）年に再来日したシャウプ使節団が発表した「第二次報告書」（Second Report on Japanese Taxation by the Shoup Mission, 1950）を併せてシャウプ勧告と称する。

　また，シャウプの税制改革案では，国税と地方税に跨る税制の合理化と負担の適正化が図られ，所得税の基礎控除を引き上げて負担の軽減を図りその減収分を補塡するために「富裕税」が創設され，さらに，申告納税制度の水準の向上を図ることを目的として「青色申告制度」及び「納税貯蓄組合制度」が導入された。富裕税とは，財産価額が五百万円をこえる者に対して新たに所得税の補完を目的として設けられた税金のことであり，税率は，五百万円超（千分の五），千万円超（百分の一），二千万円超（百分の二），五千万円超（百分の三）であるが，富裕税は，税務行政を効率化するという点で優れているが，その反面で財産を構成する不動産と動産の評価が難しく不公平を生じさせると共に納

【図表4-15】昭和25年税制改正（所得税の控除と税率）

> （一）所得税負担の軽減合理化を図るため，控除及び税率を次のように改めること。
> （1）基礎控除　年二万五千円（勧告二万四千円　現行一万五千円）
> （2）扶養控除　所得控除年一万二千円（勧告同上　現行税額控除一，八〇〇円）
> （3）勤労控除　百分の十五，最高三万円（勧告百分の十，最高二万円，現行百分
>   の二十五，最高三万七千五百円）
> （4）税率
>   五万円以下の金額　　　　百分の二十
>   五万円をこえる金額　　　百分の二十五
>   八万円をこえる金額　　　百分の三十
>   十万円をこえる金額　　　百分の三十五
>   十二万円をこえる金額　　百分の四十
>   十五万円をこえる金額　　百分の四十五
>   二十万円をこえる金額　　百分の五十
>   五十万円をこえる金額　　百分の五十五
>   （勧告三十万円をこえる金額　百分の五十五）

税者の貯蓄意識を減退させると指摘され，昭和28（1953）年に廃止される。

　昭和25（1950）年税制改正（昭和25年1月17日閣議決定）は，概ねシャウプ税制使節団の勧告の基本原則に従うことを決定するが，更に一層実情に即することを目的としこれに適当と認められる調整を加えて税制の合理化及び租税負担の軽減適正化を図るものとすることを方針として，所得税の控除と税率を図表4-15に示すように定めた。その後，昭和25（1950）年度補正予算に伴う税制改正（昭和25年10月3日閣議）において，基礎控除（年三万円）と扶養控除（年一万五千円）が改正され，税率も課税所得金額五万円以下二十％ないし百万円超五十五％を基準として暫定的に軽減を行うことになった。

　シャウプ勧告が，わが国の租税制度，特に所得税法および法人税法の整備に与えた影響力の大きさについて異議を挟む者は少ないが，同様にわが国の税法学教育にも大きな影響を与えている。例えば，シャウプ勧告は，「各大学の法学部において，税法学の講座を独立した課目として設けるべきである」と提案し，大学教育における税法学講座の設置を勧告したのである[13]。加えて，税理士制度は，シャウプ勧告を背景とした税理士法に基づき発足している。

　また，シャウプ勧告は，所得税を中心とする課税の公平性の実現を目的とし

【図表4-16】青色申告制度の特典

青色事業専従者給与
　　青色申告者と同一生計の親族（15歳未満の者を除く）のうち事業に専従する者
　に支払う給与で労務の対価として相当であるものは必要経費に算入できる。

青色申告特別控除
　　青色申告者は，所得金額から55万円（一定の要件を満たす場合は65万円）また
　は10万円を控除できる。

ているが，青色申告制度は，このシャウプ勧告の考え方を具現化するために創
設された申告制度である。そして，青色申告制度は，納税者に対して適正な申
告を促すことを目的として正確な帳簿記入を実践する役割を担う日本独自の納
税システムのことであり，自主申告の促進を目的として図表4-16に示すような
インセンティブとしての特典が与えられている。

　現在，わが国の大多数の法人と過半の個人が青色申告を採用しているが，こ
の青色申告制度には，「青色申告に付与される特典が課税の公平性を害してい
る」という問題点が指摘されている。例えば，昭和59（1984）年，白色申告に
対しても一定の記帳義務が規定されるという二重構造の時代を迎えると青色申
告の特典のなかに本来ならば白色申告に認められるべき性質のものが含まれて
いるという批判的見解が生まれ，そして，この批判は，青色申告者と白色申告
者及び給与所得者との間に不公平性を醸成していると説明される。しかし，青
色申告制度に求められる記帳水準と白色申告制度における記帳水準との間には
大きな差異が存在しており，仮に，青色申告制度と白色申告制度の垣根を取り
払うならば，全ての納税者の記帳帳簿に対して，取引事実の網羅性と検証性が
求められることになる。しかし，青色申告と白色申告の整合を求めることは，
自主納税の範疇から逸脱するという新たな批判を生み出す可能性がある。

（2）　シャウプ勧告の是正と法定相続分課税方式の導入

　明治38（1905）年，家制度を前提として家督相続を重視し親疎の別に応じた
税率を採用した相続税が創設された。創設当初，相続税は，遺産税方式を採用
していたが，昭和22（1947）年には家督相続を廃止して相続税及び贈与税の見
直しを行い，申告納税制度を導入すると共に，累積課税方式の贈与税が採用さ

〔資料〕シャウプ使節団日本税制報告書

（出所）著者所蔵

れ，その後，昭和25（1950）年に，シャウプ勧告に基づく遺産取得課税方式に
変更されたのである。

　また，シャウプ勧告では，相続税及び贈与税における不当な富の集中蓄積を
防ぎ，富を国庫に寄与せしめることを目的として税法制度の整備がなされた。
このため，シャウプ勧告は，財政上の実験としての意義を有すると評されたが，
逆に，シャウプ勧告は，中小資産階層に重税を課すとも批判された(14)。

　また，シャウプ勧告は，その序文で「本使節団は，日本における恒久的な租
税制度を立案することをその主要な目的としている…われわれの目的は，商工
業者および相当な生計を営むすべての納税者が記帳を励行し，公平に関連する
かなり複雑な問題を慎重に論究することを辞さないということに依存する近代
的な制度を勧告するにある」と記するが，シャウプが，公平性の原則を重視し
ているということは衆目の一致するところであり，この場合の公平性とは，租

税負担における適正公平のことを指すと推測できる。

　また，シャウプ勧告は，相続税法について次のように提案している。

　第一に，相続税と贈与税の一体化が勧告された。従前の贈与税は，相続開始前一年以内の贈与財産を除き原則非課税を採用していた。このため，生前贈与が行われた場合には，納税者により意図的に租税回避が行われる可能性を生じさせ，租税回避を防ぐために相続税と贈与税との一体化が行われたのである。第二に，累積課税の導入が勧告された。従前の相続税は，わが国伝来の家制度を重視し血族の親疎によって税率に差異を設けていた。しかし，シャウプ勧告では，課税の公平性を高めることを目的として累積課税を採用した。そして，この累積課税では，相続及び贈与により取得した財産の累積額に対して累進税率を適用して納税額が決定される。第三に，課税の中立性を保つため遺産課税方式から遺産取得課税方式へと課税方式の移行が勧告された[15]。第四に，従前の10％から60％までの19段階の税率に替えて25％から90％までの14段階の累進性の高い税率の採用が勧告された。第五に，所得税の補完を目的として富裕税の創設が勧告された。富裕税では，500万円超の純資産に対して0.5％から3％の累進税率が採用されている。第六に，相続税の配偶者に対する減額，未成年者控除及び年長者控除の創設が勧告された。つまり，シャウプ勧告は，相続税と贈与税との一体化を目的として，個人が生涯を通じて取得する財産を対象に財産取得者に対して遺産取得課税の相続税と生涯累積課税の贈与税とを総合的に課税するという画期的な税法制度を提唱したのである。

　また，シャウプは，アメリカ租税法の導入を目指したが，昭和28（1953）年には，相続税と贈与税との一体化に替わり，相続税と贈与税とを併用する方式に修正された。これは，生涯を通じて取得した資産を公的に記録することが困難であるということを事由とする[16]。また，所得税の補完を目的として創設された富裕税であるが，富裕税の対象とされる資産自体の評価が難しいという理由から廃された。そして，年長者控除等も廃止され，昭和33（1958）年には，遺産取得課税方式が法定相続分課税方式に修正されたのである。

　現在，相続税法は，法定相続分課税方式を前提として，遺産共有持分者に対して相続または遺贈により取得した財産の課税価格に基づいて計算する。この法定相続分課税方式の拠りどころとなるのは，民法第907条と相続税法第55条（以下，「第55条」とする）である。民法第907条の①は，「共同相続人は，次条

の規定により被相続人が遺言で禁じた場合を除き，いつでも，その協議で，遺産の分割をすることができる」と規定し，さらに同条の②で，「遺産の分割について，共同相続人間に協議が調わないとき，又は協議をすることができないときは，各共同相続人は，その分割を家庭裁判所に請求することができる」と規定する。そのため，相続税法は，この民法第907条の規定を受けて，遺産分割協議により確定した課税価格に基づいて算定される。また，第55条は，「相続若しくは包括遺贈により取得した財産に係る相続税について申告書を提出する場合又は当該財産に係る相続税について更生若しくは決定をする場合において，当該相続又は包括遺贈により取得した財産の全部又は一部が共同相続人又は包括受遺者が民法（第九百四条の二《寄与分》を除く。）の規定による相続分又は包括遺贈の割合に従って当該財産を取得したものとしてその課税価格を計算するものとする」と規定する。なお，シャウプ勧告の主な内容は，図表4-17に示す。

第6節　日本国憲法下の皇室経済と天皇家の相続

（1）　明治憲法の会計と日本国憲法の財政の比較

　明治22（1889）年に施行された大日本帝国憲法（以下，「明治憲法」とする）と日本国憲法は，図表4-18に示すような相違点を有する。

　旧皇室典範では，第45条「土地物件ノ世伝御料ト定メタルモノハ分割譲与スルコトヲ得ス」と第46条「世伝御料ニ編入スル土地物件ハ枢密顧問ニ諮詢シ勅書ヲ以テ之ヲ定メ宮内大臣之ヲ公告ス」で「世伝御料」が設けられたが，世伝御料は帝国議会の干渉外に置かれた皇室財産であるため皇位継承者に承継される承継財産として国税その他の賦課を免じられていた。そして，世伝御料が設けられたことにより天皇の神聖不可侵性を形成する財政的基盤が醸成されることになる。例えば，皇室財政は，明治維新を契機として次のように改善されていく。明治9（1876）年，皇室経費が帝室費（予算）及び宮内省費（予算）に区別され図表4-19に示すように計上されたが，この時点では皇室経費と国家の区分は不明確な状態であり，そのため，明治19（1886）年に至って皇室会計は国庫から完全に分離し「帝室会計法」が制定される。そして，皇室経済にかかわる二つの皇室令として明治43（1910）年に「皇室財産令」が制定され明治45

【図表4-17】シャウプ勧告の主な内容〔国税関係〕

（1）所得税の見直し
　①　課税単位の変更（同居親族合算課税→所得稼得者単位課税）
　②　包括的な課税ベースの構成（キャピタル・ゲインの全額課税，利子の源泉選
　　択課税廃止）
　③　最高税率の引き下げ（20～85％，14段階→20～55％，8段階）
（2）法人税の見直し
　①　単一税率の導入〔法人普通所得（35％）・超過所得（10～20％）→35％単一
　　税率〕
　②　所得税との二重課税の調整の促進〔配当税額控除（15％→25％），留保利益
　　に利子付加税〕
（4）事業用固定資産の再評価
　　　時価で再評価し，再評価益に対しては6％で課税
（5）相続税・贈与税の見直し
　①　両税の一本化（累積課税方式の採用，遺産取得課税への移行）
　②　税率の引上げ（10～60％，19段階→25～90％，14段階）
（6）富裕税の創設
　　　500万円超の純資産に対し，0.5～3％の累積税率で課税
（7）間接税の見直し
　　　織物消費税の廃止，取引高税の条件付（歳出削減）廃止，物品税の税率引き下
　　げ等
（8）申告納税制度の整備等
　　　青色申告制度の導入，協議団の創設等

（出所）藤井大輔・木原大策編著，『図説　日本の税制（令和2-3年度版）』（2022年，財経詳報
　　　　社）45ページ参照。

（1912年）に「皇室会計令」が制定されたのである。一方，日本国憲法第88条は，
「すべて皇室財産は，国に属する。すべて皇室の費用は，予算に計上して国会
の議決を経なければならない」と規定して国会の議決を求める。そして，明治
憲法では，「財政上の緊急処分規定」を設けて議会の議決を求めない規定を設
けているが，日本国憲法では「財政上の緊急処分規定」は存在しないのである。
　また，明治憲法は，第62条1項において租税法律主義を定めているが，2項
において例外規定を設けている（日本憲法では例外規定が存在しない）。そして，
明治憲法は，原則的に皇室費用について国会の協賛を求めない。つまり，明治
憲法は，皇室経済自律主義を採用しているため，帝国議会が皇室経済に関与す

【図表4-18】 明治憲法と日本国憲法の相違点

明治憲法	日本国憲法
皇室費用について国会の協賛を求めない。	皇室費用は、予算に計上して国会の議決を経なければならない。
租税法律主義の例外規定がある。	租税法律主義の例外規定がない。

【図表4-19】 明治9 (1876) 年の皇室経費〔予算〕

帝室費予算		宮内省費予算	
御手元金	282,000円	給付金	294,800円
御料用金	128,000円	庁中費金	14,914円
給付金	144,180円	省中営繕費金	3,000円
雑費金	31,776円	賞典録金	4,078円
厩費金	36,370円		
営繕費	195,216円		
外国留学費金	10,000円		
合計	約827,500円	合計	約316,000円

(出所) 笹川紀勝稿,「皇室経済と議会制民主主義の課題」北大法学論集
(北海道大学, 1990年) 130-131ページ, 及び『明治天皇記』第3
巻, 720-722ページ。

ることができず皇室が国家財政とは別に莫大な承継財産を私有することが是認
され, 戦前の皇室財産は膨張し財閥化した。

(2) 戦後の皇室経済と皇室財産及び皇室費用の評価

昭和20 (1945) 年9月22日, GHQは, 通達「金融取引の統制に関する件」に
おいて皇室財産の状況に関する報告を日本政府に求め, 皇室経済の在り方につ
いて検討した。

　つまり，GHQは，戦前の皇室経済における経済力拡張の抑制を目的として
GHQ憲法草案第82条において皇室財産を規定した。実際に，昭和21（1946）年
時点における皇室経済の評価額は，日本郵船及び鉄道会社等の株式，東京市及
び大阪市の地方債等を合計すると約37億円と莫大なものであったため，皇室経
済法が，憲法第8条及び第88条を基盤として設けられ皇室経済の在り方につい
て明示したのである[17]。

　また，皇室の現金，有価証券及び土地建物等の総額は，皇室財政現況報告に
拠れば，昭和20（1945）年9月1日時点で15億9,061万5,500円（現在価値で2
兆5000億円相当）であった[18]。そして，皇室の承継財産には，昭和21（1946）
年に財産税法が制定され財産税が課税されたのである。財産税法とは，「歳入
の確保と富の再分配を目的として，個人の純財産の金額のうち10万円をこえる
部分に対し25％から90％の超過累進税率で1回限りの財産税を課する」[19]もの
である。また，財産税については，「財産それ自体を税源として予定する実質
的財産税と，税源としてはむしろ所得（収益）を予定する名目的財産税ないし
は形式的財産税とに区分することができるが，昭和21（1946）年の財産法によ
る財産税は実質的財産税の典型といえる」[20]と説明される。つまり，皇室の承
継財産については，財産税法にもとづいて資産評価額約37億円に対して最高税
率90％が適用され約33億円が課税され，憲法第88条により残余資産が国庫に帰
属させられたのである。

　また，憲法第8条は，「皇室に財産を譲り渡し，又は皇室が，財産を譲り受け，
若しくは賜与することは，国家の議決に基かなければならない」と規定し，憲
法第88条において「すべて皇室財産は，国に属する。すべての皇室の費用は，
予算に計上して国会の議決を経なければならない」と規定し皇室財産の所有及
び承継に対して一定の制約を設けている。このように憲法第8条及び第88条が
皇室財産の所有及び承継において一定の制約を設けている理由として，通説は，
「不当な経済行為の行使により皇室に巨大な財産が集中したり，皇室が望まし
くない一定の勢力と結びついて支配力をもつことを防ぐ」ことを目的としてい
ると説明される[21]。そして，皇室経済法は，皇室の費用として，(イ)内廷費，(ロ)
宮廷費，(ハ)皇族費の3種類の費用を規定している。例えば，皇室経済法第4条
は，内廷費について「天皇並びに皇后，太皇太后，皇太后，皇太子，皇太子妃，
皇太孫，皇太孫妃及び内廷にあるその他の皇族の日常の費用その他内廷諸事に

充てるものとし，別に法律で定める定額を，毎年支出するものとする」と規定
し，憲法第5条は，宮廷費について「内廷諸費以外の宮廷所費に充てるものと
し，宮内庁で，これを経理する」と規定し，憲法第6条は，皇族費について
「皇族としての品位保持の資に充てるために，年額により毎年支出するもの及
び皇族が初めて独立の生計を営む際に一時金額により支出するもの並びに皇族
であった者としての品位保持の資に充てるために，皇族が皇室典範の定めると
ころによりその身分を離れる際に一時金額により支出するものとする。その年
額又は一時金額は，別に法律で定める定額に基いて，これを算出する」と規定
する。

　平成元（昭和64・1989）年7月4日，宇野宗佑内閣総理大臣は，衆議院にお
ける答弁書において「皇室が有する財産としては，皇室経済法第7条において
皇嗣が受けることと規定されている皇位とともに伝わるべき由緒ある物及びこ
れ以外の財産があるが，同条の規定により皇位とともに皇嗣が受けた物は相続
税法において非課税財産とされているので，これ以外の財産が相続税の課税対
象となる。なお，皇居，葉山・那須御用邸などの皇室用財産は，国有財産であ
るところから相続税の課税対象とはならない。また，皇室経済法第7条に規定
する『皇位とともに伝わるべき由緒ある物』に該当するかどうかの判断は，必
要に応じ関係機関の意見を聴いて，同法を所管する宮内庁において行う」⁽²²⁾と
回答している。すなわち，憲法第8条は，皇室の財政上の行為に制限を設ける
規定であるが，「皇室と皇室以外の者との財産授受関係を国民に対して公明な
らしめ，皇室が特定の国民と特殊の経済的関係に立つことを防止しようとする
ものである」⁽²³⁾と説明する。但し，皇室経済法第2条は，「その度ごとに国会の
議決を経なくても，皇室に財産を譲り渡し，又は皇室が財産を譲り受け，若し
くは賜与することができる」財産として，(イ)相当の対価による売買等通常の私
的経済行為に係る場合，(ロ)外国交際のための儀礼上の贈答に係る場合，(ハ)公共
のためになす遺贈又は遺産の賜与に係る場合，(ニ)前各号に掲げる場合を除く外，
毎年4月1日から翌年3月31日までの期間内に，皇室がなす贈与又は譲受に係
る財産の価額が，別に法律で定める一定価額に達するに至るまでの場合を挙げ
ている。つまり，皇室経済法は，皇室が特定の国民との間で特殊な経済関係を
構築するような性質のものでなく又は少額なものであれば，国会の議決を要す
ることなく皇室の私有財産とすることを容認しているのである。

（3）　昭和天皇の崩御に伴う天皇の相続税の申告納税

　相続税法は，天皇の納税義務について規定している。例えば，相続税法第12
条第1項は，「皇室経済法（昭和二十二年法律第四号）第七条（皇室に伴う由緒
ある物）の規定により皇位とともに皇嗣が受けた物」について非課税扱いとし
ているが，それ以外の財産については相続税の課税対象としている。そして，
憲法第1条は，「天皇は，日本国の象徴である日本国民統合の象徴であって，
この地位は，主権の存する日本国民の総意に基く」と規定している。しかし，
日本国の象徴であり日本国民統合の象徴である天皇に対して，憲法第30条〔納
税の義務〕を適用して相続税及び住民税を課すことには懐疑的な見解も存在す
る[24]。

　昭和64（1989）年1月7日の昭和天皇の崩御に際して相続税の申告が行われ
た。昭和天皇の遺産総額は約20億円であるが，大葬費用及び日本赤十字社への
寄附金等を控除したため，課税遺産額は18億6,911万4,000円と算定された。相
続の発生時，香淳皇后に対しては，配偶者控除が適用されたため相続税が課税
されず，今上天皇のみが約4億2,000万円の相続税を金融資産から支払ったの
である。しかしながら，憲法第1条は，「天皇は，日本国の象徴である日本国民
統合の象徴であって，この地位は，主権の存する日本国民の総意に基く」と規
定している。そのため，日本国の象徴である日本国民統合の象徴である天皇に
対して，憲法第30条〔納税の義務〕を適用して相続税及び住民税を課している
ことについて疑問視する見解もある。天皇の納税義務について検討するために
は，まず天皇が象徴とされたことの根拠について検討しなければならない。一
般的に，天皇が象徴とされたことの根拠については，「天皇を国民の感情的な
中心であるとする日本国民の心情である」と説明される。本来，君主国家にお
いては，国家の象徴・国民統合の象徴たる役割が君主に与えられており，戦前
の日本国では，天皇が統治権の総攬者であったことの結果として象徴として君
臨し，戦後の日本国では，統治権の総攬者としての地位を喪失したににもかか
わらず，天皇と国民の相互の信頼と敬愛という国民の意識の上において存在し
ていると考えられるのである[25]。そして，戦後，天皇が神格を否定して人間で
あると宣言したことに伴い今上天皇及び皇族に対しても基本的人権の尊重と納
税の義務が課せられたのである。そのため，国民統合の象徴たる天皇が率先し
て相続税の納税義務を果たしたことの社会的意義は大きいのである。

補　節　昭和58年度税制改正による事業承継税制の導入

　事業承継税制は，非上場及び中小の経営者の円滑な事業承継を目的として誕生した。事業承継税制は，通商産業省（現経済産業省）及び中小企業庁が昭和55（1980）年に設置した中小企業承継税制問題研究会（座長・富岡幸雄中央大学教授〈当時〉）で検討され，昭和58（1983）年度税制改正において，図表4-20及び図表4-21に示すように，「取引相場のない株式等に係る特例」と「小規模宅地等についての相続税の課税価格の計算の特例」を中核として成立した。

　事業承継税制は，非上場及び中小の経営者である事業承継者が承継する資産は，「取引相場のない株式等に係る特例」と「小規模宅地等についての相続税の課税価格の計算の特例」の対象となる自社株及び土地がその多数を占めるため，事業承継税制が存在しなければ，事業承継は極めて困難なものになった。

　一方で，事業承継税制に対しては，批判的な見解も存在する。例えば，事業承継は，親から子への円滑な事業の承継を優遇することを前提としているが，事業承継の中心は事業規模の社会的な承継を主体としたものに移行しており，また，20世紀において，人々は結果の平等ではなく機会の均等の下でお互いに競争し，経済社会の活性化を実現せねばならず，親の遺産を何の対価も支払わ

【図表4-20】取引相場のない株式等に係る特例の評価方法

評価方法	コスト・アプローチ	マーケット・アプローチ	インカム・アプローチ
計算の方法	評価会社の財務情報である貸借対照表に基づきストックである純資産に着目して価額を計算する。	評価会社と業種・規模・収益等の業務内容が類似している上場会社を標本会社として比較することにより価額を計算する。	評価会社が獲得することを期待できる将来の経済的利益である収益に着目して価額を計算する。
代表的方法	純資産価額方式	類似比準価額方式	配当還元方式・収益還元方式　等
メリット・デメリット	比較性及び客観性に優れているが，評価会社の清算を前提とするため，市場性や将来予測に問題がある。	公開会社の会社情報を前提とするため信頼性が高いが，類似会社の選定において恣意性が入るという問題がある。	将来的な収益性を見積もることができるが，将来予測を前提としているため，客観性に劣るという問題がある。

（出所）高沢修一著，『ファミリービジネスの承継と税務』（森山書店，2016年）18-22ページ。

【図表4-21】小規模宅地等についての相続税の課税価格の計算の特例の推移

区分		昭和58年～	昭和63年～	平成4年～	平成6年～	平成11年～	平成13年～	平成27年～
事業用宅地	減額割合	40%	60%	70%	80%			
	適用対象面積	200 m²				330 m²	400 m²	
不動産貸付	減額割合	40%	60%	70%	50%			
	適用対象面積	200 m²						
居住用宅地	減額割合	30%	50%	60%	80%			
	適用対象面積	200 m²					240 m²	330 m²

（出所）国税庁ホームページ参照。

ずに相続する人が多くなるほど，裸一貫で立ち上がる人を不利にし，社会に対し不平等感を助長することになると指摘される[26]。そして，現行の事業承継税制は，「画一的な相続税制を前提にして課税価格の計算において部分的な配慮を行うものにすぎない。評価制度も含めて，相続の態様に応ずる課税の仕組みが類型的に区別して構築される必要がある」[27]とも批判される。また，事業承継税制が誕生した当時と現在では，経営環境も大きく変化しており，事業承継を巡る新しい論点も生まれている。例えば，経営者及び富裕層の事業承継対策は，グローバル化の様相を帯び物的承継の対象となる資産も国内資産から海外資産へと変化し始めているため事業承継税制についても再検討すべき時期を迎えているのである[28]。

小　括

　昭和2（1927）年3月14日，昭和金融恐慌が片岡直温大蔵大臣の衆議院予算総会における「本日，東京渡辺銀行が破綻した」という発言に起因して発生する。この片岡発言は，預金者間に動揺を生じさせ多数の銀行を休業に追い込み，そして，昭和2（1927）年4月5日，日本最大の総合商社であった鈴木商店が経営破綻し，次いで，鈴木商店に巨額の融資行っていた台湾銀行も休業した。つまり，昭和恐慌とは，昭和2（1927）年の昭和金融恐慌や昭和4（1929）年の世界恐慌を受けて，昭和5（1930）年から昭和6（1931）年の間に発生した

恐慌のことであり，第一次世界大戦後の不良債権の処理と金融システムの再編を促したのである。

　また，日本政府は，戦後恐慌の打開策として昭和6（1931）年9月18日の柳条湖における南満州鉄道線路の破壊工作に端を発し，関東軍を奉天及び長春等の満州方面に進出させ満州国の建国を目指した。そして，第一次世界大戦後の不況下に成立した第一次若槻礼次郎内閣は，金本位制を復活させるとともに台湾銀行と鈴木商店の経営不振を背景として生まれた取り付け騒ぎの鎮静化のために，日銀特融実施の緊急勅令案を枢密院に諮問する。しかし，同案は，枢密院で拒否され，第一次若槻内閣は総辞職を余儀なくされ，若槻礼次郎内閣の総辞職後を受けて誕生した田中義一内閣において枢密院の承認を得た支払猶予令（モラトリアム）が実施される。そして，この戦後恐慌時に，軍部の発言力が増し昭和16（1941）年にアジア太平洋戦争に突入するのである。

　また，高橋是清は，二・二六事件で暗殺されるまでの昭和6（1931）年から昭和11（1936）年の約4年間で，犬養　毅，斎藤　実，岡田啓介の歴代内閣において大蔵大臣を務めたが，財政再建と戦費調達を目的として，「金輸出を再禁止すると共に金本位制を停止して，事実上の管理通貨制度に移行する」ことで金流出に伴うデフレ効果を防ぎ円安も実現した。つまり，高橋は，前任者である井上準之助大蔵大臣が主導した「金本位制を重視し物価の引き下げを実現する」という緊縮財政を否定し，「金本位制から離脱して通貨量を増やすとともに赤字国債を発行し財政支出を拡大する」という積極財政を展開し，その結果，公定歩合の引き下げ効果が現れ為替相場も好転したことに伴い輸出額が増加し株価も上昇した。つまり，高橋是清は，積極財政を展開することで景気回復を目指したのである。その後，日本は，ABCD包囲網の打開を目指してアジア太平洋戦争に参戦するのであるが，アジア太平洋戦争を支えた存在は，租税収入や臨時軍事費特別会計であった。財政上，臨時軍事費特別会計は，日清戦争期（1894年～1895年），日露戦争期（1904年～1905年），第一次世界大戦・シベリア出兵期（1914年～1925年），日中戦争・アジア太平洋戦争期（1937年～1945年）と4回実施されているが，日中戦争・アジア太平洋戦争期（1,554億円）の臨時軍事費特別会計の歳出決算額は，日清戦争期（2.0億円），日露戦争期（15.1億円），第一次世界大戦・シベリア出兵期（88億円）と比較すると極めて大きく，戦時中の日本財政は破綻していたのである。そして，戦後の日本で

は，GHQ の管理下で，経済安定9原則やドッジ・ラインが実施されドッジ不況が生じたが，昭和26（1951）年9月8日，サンフランシスコ平和会議が開催され吉田全権が平和条約署名式に出席し，会議参加国のうちソビエト連邦，ポーランド，チェコソロバキアの3ヵ国を除く49ヵ国が平和条約に署名し，日本の国際社会への復帰が実現し朝鮮特需を契機として急速に景気回復するのである。

　その後，昭和60（1985）年代に入ると為替相場の安定を目的として先進国の間でプラザ合意やルーブル合意がなされ外国為替相場への協調介入が行われた。しかし，プラザ合意やルーブル合意による為替相場の安定（操作）が，昭和61（1986）年12月から平成3（1991）年2月までの間にバブル景気を生み出したのである。そして，昭和期は，政府与党自民党の安全保障策と経済政策が整備された時代であり，警察予備隊が組織化され自衛隊が誕生し新安保条約と沖縄返還協定が締結され，そして，所得倍増計画と日本列島改造が実施された。昭和35（1960）年1月19日，岸　信介総理大臣は，昭和26（1951）年に締結された日米安全保障条約の不平等性の解消を目指して新日米安保条約に調印した。そして，昭和44（1969）年11月の佐藤＝ニクソンによる日米首脳会談を経て佐藤内閣により昭和46（1971）年6月に沖縄返還協定が調印され，昭和47（1972）年5月15日に，「核抜き，本土並み，72年返還」の基本方針の下，沖縄が日本に返還されたのである。しかし，新日米安保条約調印に際しても安保闘争が生起したが，沖縄返還に際してもアメリカ軍が嘉手納基地を継続しようとしたため反対運動が生起している。そして，平成・令和の時代にも名護市の辺野古基地建設を巡り反対運動が続いている。しかし，台湾有事の国際紛争の危機が叫ばれるなか，日本の安全保障において新日米安保条約締結や沖縄米軍基地の果たしている役割は極めて大きいのである。そして，所得倍増計画では，昭和36（1961）年4月期から10年間で実質国民総生産を26兆円にまで倍増させ，社会保障の実現や社会資本の充実を目標とし，高度経済成長を支える人材の育成を目的として，工業・科学技術の新興や教育にも力を注いだが所得倍増計画は，株価を高騰させ史上最高値を打ち出し，日本経済成長の大転換期を演出した政策であると評価されている。一方，日本列島改造論は，田中内閣が昭和47（1972）年6月11日に発表した政策綱領のことであり，日本国内に列島改造ブームが生んだ。しかし，列島改造ブームは，不動産の高騰による地価の上昇や

物価高によるインフレーションを巻き起こし社会問題化し，第四次中東戦争が勃発するとオイルショックが生起し狂乱物価と呼ばれるほど経済が混乱した。つまり，昭和期に実施された政府与党により実施された所得倍増計画と日本列島改造論はその評価を分けたのである。また，戦後税制では，シャウプ（C. S. Shoup）博士の存在が大きい。なぜならば，昭和24（1949）年，シャウプ使節団が来日し「シャウプ勧告書」が提出されたが，シャウプ勧告書は日本税制に多大な影響を与えたからである。

　また，昭和58（1983）年度税制改正では，非上場及び中小の経営者の円滑な事業承継を目的として「取引相場のない株式等に係る特例」と「小規模宅地等についての相続税の課税価格の計算の特例」を中核とする事業承継税制が誕生したが，物的承継の対象となる資産も国内資産から海外資産へと変化し始めているため事業承継税制についても再検討すべき時期を迎えているのである。

注

（1）　関東軍は，満州事変に際して一般会計に「満州事件費」を計上するが，満州事変費は，昭和6（1931）年の予算額650万円から膨張し続け，昭和12（1937）年に2億円を超える予算額に達するが，この軍事費の予算計上は国家財政を圧迫することになる。なお，満州事件費とは，俸給，賞与，給与，諸手当，需品費，郵便電信費，被服費，患者費，演習費，機密費，兵器費，築造費，糧秣費，運輸費，馬匹費，旅費等の軍事費のことである。

（2）　武藤守一稿，「財閥解体政策の基盤とその変遷―日本経済の従属化と軍事化への序説―」『立命館経済学』第1巻第5・6号（1952年）226-227ページ。

（3）　松元　宏稿，「日本の財閥―成立・発展・解体の歴史―」『エコノミア』第55巻第1号（2004年5月）1-16ページ。

（4）　小野塚久枝稿，「財政の政治過程と税制」『東京家政学院大学紀要』第37号（東京家政学院大学，1997年）11ページに詳しい。

（5）　岡崎哲二稿，「政治システムと財政パフォーマンス：日本の歴史的経験」『RIETI Discussion Paper Series 04-J-009』（独立行政法人経済産業研究所，2004年）参照。

（6）　森　靖喜稿，「日本は自衛のため戦った…主張を変えたマッカサー，証言の周知で戦後自虐教育の是正を」『産経新聞ホームページ』2016年1月25日参照。

（7）　同上

（8）　日本会議ホームページ参照。

（9）　Hubert Zimmermann（2002），*Money and Security: Troops, Monetary Policy, and West Germany Relations with the United States and Britain, 1955-1971*", Cambridge University Press.

（10）　高橋和宏稿，「ベトナム特需の『回収』―アジアにおけるドル防衛協力の模索―」

（公益財団法人日本国際問題研究所，2022年）9ページ。

(11)　浦野広明著，『税財政民主主義の課題　日本国憲法にもとづいた税金の集め方と使い方』（学習の友社，2022年）61ページ。

(12)　中川　洋稿，「財政民主主義の持病（十字路）」日本経済新聞（2017年10月31日）参照。

(13)　北野弘久著，『税法学原論〔第六版〕』（青林書院，2007年）13ページ。

(14)　M. Bronfenbrenner and K. Kogiku. "The Aftermath of the Shoup Tax Reforms: Paet1", National Tax Journal, Vol. X . No. 3, September, 1957, pp. 240-241.

(15)　遺産課税方式は，「⒤被相続人の一生涯の財産を清算する課税であることが明確である。⒤⒤遺産分割の操作による相続負担の軽減を防止することができる」という長所と，「⒤⒤⒤遺産分割後，相続財産を取得する者の担税力を考慮していない」という短所を有する。一方，遺産取得課税方式は，「⒤遺産の分割後に取得した財産に応じて各相続人が相続税を納付するため，富の再分配が行われやすい。⒤⒤遺産取得者の担税力に応じた課税ができる」という長所と，「⒤⒤⒤遺産分割を利用した租税回避を招く危惧がある。⒤⒱相続人や受遺者が多いほど相続税の平準化を図りやすい。⒱分割して取得した財産に対して相続税が課されるため，分割困難な財産の場合には難題を生ずる」という短所を有有している。

（出所）水野忠恒著，『租税法〔第2版〕（有斐閣，2005年）576ページ。

(16)　髙沢修一著，『事業承継の会計と税務』（森山書店，2008年）41-42ページ。

(17)　帝室林野局編著，『帝室林野局五十年史』（1939年）に詳しい。

(18)　芦部信喜・高見勝利共著，『日本立法資料全集七　皇室経済法』（信山社，1992年）6ページ。

(19)　金子　宏著，『租税法〔第13版〕』（弘文堂，2008年）52ページ。

(20)　北野弘久著，『税法学原論〔第六版〕』（青林書院，2007年）46ページ。

(21)　宮沢俊義著・芦部信喜補訂，『全訂日本国憲法』（日本評論社，1978年）144ページ。

(22)　衆議院議員滝沢幸助君提出皇室財産への課税等に関する質問に対する答弁書（1989年7月4日）に詳しい。

(23)　佐藤　功著，『日本国憲法概説〈全訂第5版〉』（学陽書房，2004年）357ページ。

(24)　川田敬一稿，「近現代の皇室経済制度に関する諸問題」明治聖徳記念学会紀要（明治聖徳記念学会，2005年）に詳しい。

(25)　佐藤　前掲書　340-341ページに詳しい。

(26)　森信茂樹著，『日本の税制　グローバル時代の「公平」と「活力」』（PHP研究所，2001年）149ページ，及び石　弘光著，『税制スケッチ帳』（時事通信出版局，2005年）142-143ページ。

(27)　北野弘久著，『現代企業税法論』（岩波書店，1994年）385ページ。

(28)　事業承継税制では特に触れられていないが，人的承継の側面が強い農業相続人と宗教法人等の事業承継についても検討するべきである。（出所）髙沢修一著，『ファミリービジネスの承継と税務』（森山書店，2016年）第6章。

参考文献

芦部信喜・高見勝利共著，『日本立法資料全集七　皇室経済法』（信山社，1992年）

浦野広明著，『税財政民主主義の課題　日本国憲法にもとづいた税金の集め方と使い方』
　（学習の友社，2022年）

及川啄英著，『関東軍―満州支配への独走と崩壊』（中央公論新社，2023年）

金子　宏著，『租税法〔第12版〕〔第13版〕』（弘文堂，2007年・2008年）

北岡伸一著，『日本陸軍と大陸政策』（東京大学出版会，1978年）

北野弘久著，『税法学原論〔第六版〕』（青林書院，2007年）

佐藤　功著，『日本国憲法概説〈全訂第5版〉』（学陽書房，2004年）

社団法人日本租税研究協会編，『シャウプ勧告とわが国の税制』（社団法人日本租税研究
　協会，1983年）

髙沢修一著，『事業承継の会計と税務』（森山書店，2008年）

林　栄夫著，『戦後日本の租税構造』（有斐閣，1968年）

平井廣一著，『日本植民地財政史研究』（ミネルヴァ書房，1997年）

藤井大輔・木原大策編，『図説　日本の税制（令和2―3年度版)』（2022年，財経詳報
　社）

宮沢俊義著・芦部信喜補訂，『全訂日本国憲法』（日本評論社，1978年）

山本有造著，『「満州国」経済史研究』（名古屋大学出版会，2005年）

第5章
平成期の安全保障と行財政・経済政策

はじめに

　安倍晋三内閣の国策及び外交は，歴代自民党内閣の政治方針を受け継いだものであるが，戦後の安全保障に大きな足跡を残したのは吉田　茂内閣総理大臣である。吉田首相は，サンフランシスコ平和（講和）条約を締結し，米国との間で日米安全保障条約（以下，「日米安保条約」とする）を締結した。その後，日米安保は，岸　信介内閣において新日米安保条約に改定され，日米の防衛協力は一層強固なものになったのである。

　また，佐藤栄作内閣は，沖縄及び小笠原諸島の返還を実現し，大韓民国（以下，「韓国」とする）との間で「日韓基本条約」を締結した。そして，佐藤内閣を継承した田中角栄内閣において中華人民共和国（以下，「中国」とする）との間で日中国交化が実現し，福田赳夫内閣において日中平和友好条約が締結される。つまり，佐藤・田中・福田の三内閣時代に，米日韓三国の防衛協定を拠りどころとする東アジアの安全保障が構築されたのである。その後，国際情勢の変化に伴い海部俊樹内閣では，海上自衛隊のペルシャ湾派遣と湾岸戦争時の多国籍軍への資金提供が決定され，次いで，宮澤喜一内閣では，PKO協力法案や自衛隊のカンボジア派遣が決定され，日本政府の防衛に対する認識も徐々に変化し始めた。そして，小渕恵三内閣で周辺事態法が成立し，小泉純一郎内閣では有事法制が成立し，第一次安倍晋三内閣において，防衛庁が防衛省に昇格するのである。そして，平成27（2015）年，安倍内閣は，日本を取り巻く安全保障を考慮して集団的自衛権の行使を容認する安全保障関連法を施行した。つまり，安倍政権は，自衛隊の海外での武力行使と他国軍に対する後方支援を認め，日本の専守防衛に基づく安全保障策を大きく転換させたのである。また，第二次安倍内閣が打ち出した経済政策は「アベノミクス」と称されるが，アベノミクスの核となった三本の矢とは，デフレからの脱却と持続的な経済成長を目指

して，慢性化している財政赤字の再建と政府債務超過の改善を目的とする大胆な金融政策，機動的な財政政策，成長戦略のことであるが，アベノミクスが日本の経済や財政に果たした役割は大きい。また，アベノミクスについては，識者の間で評価が分かれるが，アベノミクスが景気を浮揚させ日本経済を活性化させたことは事実である。

第1節　平成期の国防策と集団的自衛権の容認

（1）　湾岸戦争の勃発に伴う PKO 法成立

　平成2（1990）年8月，イラクのサダム゠フセイン大統領がクウェートに侵攻した。サダム゠フセイン大統領のクウェート侵攻は国際世論の批判を浴び，国際連合安全保障理事会はイラク軍に対して撤退勧告を行ったが，イラク軍がクウェートから撤退しなかったため，多国籍軍が組織され平成3（1991）年1月にイラク軍を攻撃して湾岸戦争が勃発したのである。その後，イラク軍の侵攻から解放されたクウェートは感謝広告を出したが，多国籍軍に参加しなかった日本は，総額130億ドル（約1兆5,500億円）の資金を提供するという経済的支援を行ったにもかかわらず，感謝広告の対象国30ヵ国に入っていなかった。

　当時，クエートが掲載した感謝広告は，日本が「国際社会からカネは出すが，血は流さない国と認識されている」ことの証明であるというキャンペーンに用いられた。そのため，日本国内ではPKOへの参加の是非が論じられ，平成4（1992）年6月にPKO法が成立した。しかし，東京新聞は，「自衛隊海外派遣の口実に利用：情報操作は外務省？」と報道しているが，実際には，クウェートの首相や外務次官も資金を提供した日本に感謝しており，米軍総司令官シュワルツコフは日本の資金がなければ作戦が破綻していたと自伝に著述し，ブッシュ大統領の国家安全保障担当補佐官を務めたスコウクロフトも「日本の貢献に感謝している」とインタビューに答えているのである[1]。つまり，日本は，必ずしもヒトを出さずカネだけ出したことを批判されているとはいえないのである。しかし，湾岸戦争が集団的自衛権について検討する機会になったことは間違いない。谷内正太郎外務省総合外交政策局長は，PKO法の成立について，「PKOは，国連が世界各地における地域紛争の平和的解決を助けるための手段として，実際の慣行を通じて確立してきた一連の活動であり，基本的に中立，

非強制の立場で行われるものであるから，このようなPKOへの参加は集団的自衛権の行使には当たらない」[(2)]と答弁した。

　また，橋本龍太郎首相は，「武器弾薬の輸送それ自体は武力の行使に該当せず，また戦闘地域と一線を画する場所において行うという前提に鑑みれば，アメリカ軍との武力行使の一体化の問題は生じない」[(3)]と答弁し，小渕恵三首相は，「後方地域支援は，米軍に対するもののみであるが，それ自体は武力の行使との一体化の問題が生じることは想定されず…（中略）…集団的自衛権の行使につながるものではない」[(4)]と答弁した。そして，日本政府は，国際的評価を高めることを目指してPKO法の成立に踏み切り，その後，第二次安倍内閣において集団的自衛権行使容認について検討を始めたのである。

（2）　集団的自衛権行使容認の閣議決定

　日本国憲法第2章第9条（以下，「憲法9条」とする）は，第1項で，「日本国民は，正義と秩序を基調とする国際平和を着実に希求し，国権の発動たる戦争と，武力による威嚇又は武力の行使は，国際紛争を解決する手段としては，永久にこれを放棄する」と規定し，さらに，第2項において，「前項の目的を達するため，陸海空軍その他の戦力は，これを保持しない。国の交戦権は，これを認めない」と規定しているため侵略戦争を放棄し交戦権も否定すると解する。

　一方，安倍晋太郎首相は，第一次安倍内閣で招集した私的諮問機関の「安全保障の法的基盤の再構築に関する懇親会（以下，『安保法制懇』とする）」を再招集した。安保法制懇は，安倍首相の方針に基づき集団的自衛権の行使における憲法9条との整合性について会議で審査し「憲法解釈の変更を求める提言」を安倍首相に提出した。安保法制懇は，憲法9条の規定中に「自衛のための武力行使は禁じられておらず，自衛のための必要最低限の措置のなかに集団的自衛権の行使は含まれる」と解すべきであると提案した[(5)]。そして，安倍首相は，安保法制懇の報告書の受理後に政府与党である自由民主党と公明党から成る「安全保障法制整備に関する与党協議会（座長・高村正彦自由民主党副総裁，座長代理・北側一雄公明党副代表（以下，『与党協議会』とする）」を開催したが，与党協議会は，平成26（2014）年7月1日に「憲法解釈の変更を含む安全保障法制整備のための基本方針（以下，『基本方針』とする）」を了承した。

　安倍首相は，与党協議会の報告を受けて，国家安全保障会議で基本方針を諮

り，閣議決定したのである。平成26（2014）年7月1日の閣議では，「憲法9条はその文言からすると，国際関係における『武力行使』を一切禁じているように見えるが，憲法前文で確認している『国民の平和的生存権』や憲法第13条における『生命，自由及び幸福追求に対する国民の権利』は，国政の上で最大の尊重を必要とする旨を定めている趣旨を踏まえて考えると，憲法9条が，自国の平和と安全を維持し，その存立を全うするために必要な自衛の措置を採ることを禁じているとは解されない」と判断した。つまり，日本政府は，憲法9条のもとで例外的に許容される『武力の行使』について，「自衛の措置はあくまでも外国の武力攻撃によって国民の生命，自由および幸福追求の権利が根底から覆されるという急迫，不正の事態に対処し，国民のこれらの権利を守るためのやむを得ない措置として初めて容認されるものであり，そのための必要最小限度の『武力行使』は許容される」と表明してきたが，防衛省自衛隊は，平成26（2014）年7月1日の閣議決定を支持し，憲法第9条のもとで，「自衛隊は，日本国や日本国と密接な関係にある他国に対する武力攻撃が発生し，日本国の存立が脅かされ，国民の生命，自由及び幸福追求の権利が根底から覆される危険がある場合には，適当な手段を講じても明白に危険が避けられなければ必要最低限の実力を行使することが認められている」と主張しているのである。

（3） 憲法第9条の解釈変更とその根拠

　安倍首相は，憲法9条の解釈変更を選択したが，その根拠としてあげられるのが，砂川事件における最高裁判所の判決である。砂川事件とは，昭和32（1957）年7月8日，特別調達庁東京調達局が強制測量をした際に，基地拡張に反対するデモ隊との間で衝突が発生し，日本と米国との間で締結されている「相互協力及び安全保障条約」第6条に基づき7名が起訴された事件のことである。東京地方裁判所（伊達秋雄裁判長）は，昭和34（1959）年3月30日，「米軍の駐留は，憲法9条2項前段により禁止されている戦力の保持に該当し違憲であり，全員無罪である」と判決を下した。しかし，検察側の上告を受けて，最高裁判所（田中耕太郎裁判長）は，昭和34（1959）年12月16日，「憲法9条は，日本国が主権国としての有する固有の自衛権を否定しておらず，そして，同条が禁止する戦力には外国の軍隊は該当しないため，米軍の駐留は憲法及び前文の趣旨に反するものではなく，さらに，日米安保条約のように高度な政治性が

求められる条約については，明らかに違憲無効と認められない限り，その内容について法的判断を下すことはできない」と判決し，東京地方裁判所に差し戻した。その後，東京地方裁判所（岸　盛一裁判長）は，昭和36（1961）年3月27日，罰金刑の有罪判決を言い渡し，さらに上告を受けた最高裁判所は，昭和38（1963）年12月7日，上告棄却を決定し有罪判決が確定したのである。

　また，国家の自衛権を論じるうえで，砂川事件の判決が重視されるが，砂川事件判決の重要性について，「国家の自衛権は，砂川事件判決においても『これ（9条）によりわが国が主権国として持つ固有の自衛権は何ら否定されたものではなく』とされており，9条の例外としてというものではなく9条とは別の次元で主権国として当然に有しているものである」[6]と説明される。しかし，公明党は，砂川事件の判決が判示するのは個別的自衛権のことであり，砂川事件における最高裁判所の判決を集団的自衛権の根拠とすることに異議を唱え，昭和47（1972）年10月14日の参議院決算委員会に政府から提出された「集団的自衛権と憲法との関係に関する政府資料」を根拠とすることを提案したのである[7]。一方，「憲法9条が一切の戦争及び武力の行使を否認している以上，自衛権の行使は，日本の領域が武力攻撃を受け，その武力攻撃を防止するために他の方法がなく，かつ，その防止のため必要最小限度における行動である場合に限られるため，日本の場合は通常の意味における集団的自衛権は認められない」[8]という見解もある。そして，日本国憲法は，「現実に日本が武力攻撃を受けていないのにもかかわらず，日本が武力をもって他国への攻撃に立ち向かうことまで認めているとは解されない」[9]とする主張も存在する。

（4）　国際法上の集団的自衛権の解釈

　国際法上，集団的自衛権は，国連憲章第51条の個別的又は集団的自衛の固有の権利という条文を拠りどころとして，他の国家が武力攻撃を受けた場合，これと密接な関係にある国家が被攻撃国を援助し，共同してその防衛にあたる権利と定義されるが，国連憲章が発効する以前から国際法上の慣習として認められていた権利である[10]。集団的自衛権の本質については，研究者の間でも学説が分かれるが，以下の三つが代表的な学説である[11]。第一に，集団的自衛権は，個別的自衛権の結合として認識されるべきであり，たとえ自国以外の他国への攻撃であっても，その攻撃が自国の利益を侵害する攻撃行為であれば，自国を

守るための防衛行為であると解される⁽¹²⁾。第二に，集団的自衛権は，自国以外の他国が攻撃された場合に，平和と安全を守ることを目的として他国を援助する権利であり，二か国以上の相互援助に基づく防衛行為であると解される⁽¹³⁾。第三に，集団的自衛権は，自国と密接な関係を有する他国が武力攻撃を受けた場合に，自国の死活的な法益を保護することを目的とする防衛行為であると解される。

第2節　第二次安倍晋三内閣の経済政策

（1）アベノミクスの三本の矢の効果

　平成24（2012）年12月，第二次安倍晋三内閣が発足したが，この安倍政権が打ち出した一連の経済政策は，「アベノミクス」と称される。そして，三本の矢とは，デフレからの脱却と持続的な経済成長を目指して，慢性化している財政赤字の再建と政府債務超過の改善を目的とする大胆な金融政策，機動的な財政政策，成長戦略のことである。つまり，安倍政権は，経済成長することにより財政再建が可能となると主張するが，経済成長だけで財政赤字を健全化することは難しかった。なぜならば，過去に経済成長により財政再建を成し遂げた内閣は存在しないからである。

　まず，大胆な金融政策とは，日本銀行の黒田東彦総裁による金融緩和政策（2年間で2％の物価上昇率の達成・無制限の量的緩和・政策金利のマイナス化・円高の是正等）のことであり，大量の国債を購入することにより大量の資金を市場に供給するという異次元と称されるような金融緩和に踏み切りデフレ処理を行った。しかし，大胆な金融政策は，必ずしも2％のインフレ目標を達成しているとはいえない。

　次いで，機動的な財政政策とは，国土強靱化を目指した政府主導型の大規模な公共投資と建設国債の購入及び長期保有等のことであり，低金利をテコにして，リニア中央新幹線などのインフラ整備を行うことにより需要拡大を目指したが，拡張性が弱く財政効果が不十分であると指摘されている。そして，成長戦略とは，積極的な人材活用（女性を活用した輝く日本・世界に勝てる若者・健康長寿社会の実現と成長産業の創造等）のことであり，規制緩和などにより経済力を活性化するとともに法人税の実効税率を引き下げ，TPP＝環太平洋

パートナーシップ協定等の交渉に取り組み，子育て支援や女性及び高齢者の働く環境の整備に努めることである。

（2）　アベノミクスに対する評価と批判

　日本財界におけるアベノミクスの評価は高い。例えば，経団連の中西会長は，アベノミクスの経済政策について，「アベノミクスは，たくさんの議論がありながらも結果として，日本の競争力を強めた。安定的な経済運営を行い大変大きく貢献したと思っている。また，これだけ不安定な国際情勢の中で，日本にとって，相対的によいポジションを作ってきたことも非常に高く評価している」と述べて評価するとともに，「経済の基盤が大きく変わろうとしている時代なので，目の前の景気対策だけでなく，成長をより促進するような政策をぜひ打ってほしい」[14]とも述べ，長期的な視点にたった日本経済の成長戦略の必要性について言及している。また，日本商工会議所の三村会頭も，「第2次安倍政権が発足した当時，円相場は1ドル・80円台で，輸出企業を中心に日本の大手企業の国際競争力が失われていた。為替レートはその後，正常化され，大幅な収益向上がもたらされた。アメリカトランプ政権が発足してから，国際情勢は不安定になり，米中の覇権争いは，いつまで続くかわからないという状況になった。安倍総理大臣は訪中のはざまの中で，非常に巧みに立ち回り，長期政権であることは変動が大きい今の国際情勢の中では財産になっている」[15]と述べている。そして，経済同友会の櫻田代表幹事は，「経済のデータをみるかぎり，状況は明らかによくなっていて，経済最優先という公約については果たされつつあるが，国民の消費が伸びないのは，社会保障制度に対する不透明感があると確信している。今後，全世代型社会保障制度の構築にきちっと切り込んでいくことを評価したい」[16]と述べている。そして，内閣官房は，社会保障と税の一体改革について，「社会保障の充実・安定化と，そのための安定財源確保と財政健全化の同時達成を目指すものである。平成24（2012）年8月には，関連8法案が成立した。その後，社会保障制度改革推進法に基づき，内閣に社会保障制度改革国民会議が設置され，報告書が平成25（2013）年8月6日にとりまとめられた。その報告書等に基づき改革の全体像や進め方を明らかにする法案が提出され，平成25（2013）年12月に成立した。今後も法律に基づき，改革を具体的に実現していく」と公表した。すなわち，社会保障と税の一体改革

は，社会保障の充実・安定化と，そのための財政健全化目標の同時達成を目指して，平成24（2012）年8月に関連8法案を成立させた。その後，内閣は，社会保障制度改革推進法に基づき社会保障制度改革国民会議を設置し，平成25（2013）年8月6日に報告書をとりまとめ，そして，平成25（2013）年12月には，同報告書を拠りどころとして改革の全体像や進行方法を明らかにした法案が成立させたのであるが，この趣旨は，社会保障を担う費用の相当部分を将来世代の負担とすることを防ぐことと社会保障の充実を目的として「社会保障と税の一体化」を進めることにあった。そのため，社会保障と税の一体改革では，子ども，子育て，医療，介護・年金という社会保障4経費の充実を目指したのである。

　一方，日本共産党は，アベノミクスに対して批判的な見解を示している。例えば，「安倍首相が2012年12月末の政権復帰直後に打ち出した『アベノミクス』は，大規模な金融緩和，積極的な財政出動，規制緩和による『成長戦略』という3本の矢が柱でした。13年3月には日銀総裁を黒田東彦氏に交代させました。異次元の金融緩和を実行させるためです。日銀が市中に大量に資金を供給し，消費者物価を引き上げれば，日本経済がデフレから脱却し，好循環するというシナリオにもとづくものです。金融緩和で株価は2倍に上昇しました。しかし，大企業や大資産家の利益は増えても，国民の雇用や消費は停滞が続きます。大もうけした大企業を中心に，内部留保は500兆円近くにも膨らみました。一方，実質賃金指数（月平均）は15年を100とすると12年は104・5でしたが20年1〜6月では93・4に低下しました。労働者全体に占める非正規労働者の割合も上昇しました。超高額所得者が増加する一方，年収が200万円にも満たない『ワーキングケア』（働く貧困層）が増えるなど，貧困と格差の拡大が鮮明です」[17]と批判する。すなわち，アベノミクスに対する日本財界と日本共産党の見解は大きく分かれるのである。

第3節　地方分権改革と地方創生の重要性

（1）　地方分権改革と法定外目的税の創設
　平成11（1999）年，小渕恵三内閣は，地方財政の健全化を図ることを目的として，地方自治体の課税自主権を尊重して独自課税制度の要件を緩和し，そし

【図表5-1】法定外税の分類

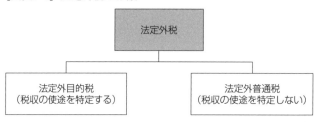

て，地方分権一括法を成立させて条例に基づく法定外税が定めたが，この法定外税は，図表5-1に示すように，税収の使途を予め特定する法定外目的税と税収の使途を予め特定しない法定外普通税に分類される。つまり，小渕内閣は，平成11（1999）年に地方分権一括法を成立させ，平成12（2000）年4月に地方分権一括法による地方税法の改正を行い，法定外普通税の許可制を同意に基づく協議制に改め，「法定外目的税」を創設したのである。例えば，東京都の法定外目的税である宿泊税は，国際都市東京の魅力を高めるとともに，観光の振興を図る施策に要する費用に充てることを目的として平成14（2002）年10月1日から実施されたが，同法の内容は，「都内のホテル又は旅館に宿泊する者に課税され，宿泊数×税率で計算される。なお，税率は，1人1泊あたり10,000円以上15,000円未満で100円であり，1人1泊あたり15,000円以上で200円である」というものである。

　また，平成16（2004）年度税制改正により，既存の法定外税が税率の引き下げ，廃止，課税期間の短縮を行う場合には，総務大臣への協議・同意の手続が不要となり，特定の納税義務者に係る税収割合が高い場合には，条例制定前に議会でその納税者の意見を聴取する制度が創設された。しかし，法定外税では，地方団体の意思決定に反して，総務大臣が拒否権プレイヤーになるケースがある。例えば，法定外税の新設等の手続には，図表5-2に示すような手続きが求められるが，横浜市は，総務大臣という拒否権プレイヤーの登場により「勝馬投票券発売税」を導入することができなかった。総務大臣が拒否権プレイヤーとなった理由としては，横浜市が勝馬投票券発売税を導入したならば，中央競馬の収入がもたらす財政的安定を脅かす可能性があると判断されたと推測できる。

【図表5-2】 法定外税の新設等の手続

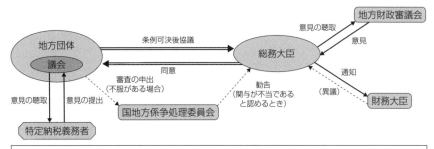

> （注）次のいずれかが該当すると認める場合を除き，総務大臣はこれに同意しなければならない。（地方税法第261条，第671条，第733条）① 国税又は他の地方税と課税標準を同じくし，かつ，住民の負担が著しく過重となること ② 地方団体間における物の流通に重大な障害を与えること ③ ①及び②のほか，国の経済施策に照らして適当でないこと。

（出所）総務省「地方税制度」法定外税参照。

（2） 地方自治体における公会計制度改革

　平成11（1999）年，小渕内閣総理大臣の諮問機関である経済戦略会議（座長・樋口廣太郎）が最終報告を提出し国並びに地方自治体への企業会計方式の導入を提唱したが，総務省（当時・自治省）はこの提案を受けて地方自治体に対して企業会計に基づく財務諸表を作成して公表する方向へ向かわせることを決定した。そのため，地方自治体では地方公会計に企業会計の手法を取り入れて発生主義や複式簿記に基づく「財務諸表4表」等の作成が行われた[18]。そして，この試みは，地方自治体の健全な財政運営のために収入と支出やフローとストックの関係を明らかにすることを目的としており，バランスシート及び行政コスト計算書が整備されたのである[19]。

　従来，地方公会計では，予算作成から歳入や歳出を中心とする財政収支の財務報告に至るまで現金主義に基づく単年度会計が採用されてきたが，単式簿記に拠る会計記録では現金出納帳に基づくフロー記録と公有財産台帳に基づくストック記録が関連していないと指摘されていた。例えば，単式簿記に拠る会計処理は，数十億円（市町村）から数兆円（東京都）規模の地方公会計には相応しい会計処理とはいえず，行財政コスト分析も不十分であり，地方自治体職員のコスト意識も麻痺させると批判されていた[20]。そのため，地方公会計において発生主義の導入が検討されたのであるが，地方公会計における発生主義の導

入について危惧する見解も存在する。例えば，米国公会計基準審議会（GASB）は，発生主義会計の導入について「(i)納税者と受容できる自治体の行政サービスとの間では明確な交換関係が存在しないため，収益と費用を対応させること自体が無意味な行為であり，(ii)発生主義会計を導入することにより生じる多大なコスト上の費消に対して得られる便益が僅少であり，(iii)自治体の所有する固定資産のうちには，自治体の施策を反映させて比較的長時間にわたって所有されているものが多く存在するため，減価償却すること自体が予算目的に適していない」[21]と報告する。既述のように，地方公会計は，利潤の獲得を至上目的とする株式会社会計とは異なり，地方自治体において発生主義を導入することの有無については見解が分かれるが，特に問題となるのは発生主義会計を導入した場合のコストである。

　しかし，世界に先駆けて中央政府及び地方政府の会計において発生主義の導入を試みたニュージーランドでは，発生主義の導入に伴い専門的知識を有する職員数は増加したものの，逆に，行政事務作業の効率化が進展することにより職員総数は大きく減少したと報告されており，コストにおいて大きな問題は生じていないのである[22]。

　また，地方自治体の公会計改革は，地方自治体の財政の透明性を高めると同時に，セグメント情報や連結情報など，会計監査への利用が可能な種々の情報が新しい会計システムを通して作り出されるため，会計検査にとって不可欠な存在に成り得るのである[23]。

（3）　ふるさと納税の算出方法

　内閣府の発表に拠れば，「現実には，人口1,100万人を超える東京都から人口200人余りの東京都青ヶ島村まで，大小合わせておよそ3,300の地方公共団体が存在し，その経済力格差も大きい。99年度において，地方税が歳入の2割にも満たない団体が都道府県の約5割（23団体），市町村の約6割（1813団体）を占めており，地方公共団体の歳入基盤は脆弱である」と示されているように，自治体間の税収格差は多大であった。そのため，平成20（2008）年に，故郷や応援したい地域への寄附による地域経済の活性化を目的として，図表5-3に示すような「ふるさと納税」という寄附金控除が創設された。確定申告時に自己負担分の2,000円を控除した金額を寄附控除として所得税及び住民税から控除す

【図表5-3】ふるさと納税の算出方法

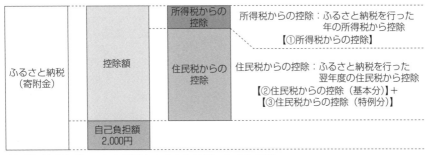

（出所）総務省「ふるさと納税」ふるさと納税のしくみ参照。

【図表5-4】ふるさと納税の受入額と受入件数

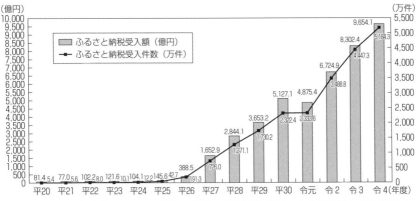

（参考）令和5年度実施　ふるさと納税に関する現況調査結果　自治税務局市町村税課（令和5年8月1日）

ることができる。

　また，平成27（2015）年度税制改正において，ふるさと納税ワンストップ特例制度が創設されたが，納税先が自治体であれば一定の手続きを行うことにより確定申告が不要となったのである。

（4）ふるさと納税の受入額・受入件数と問題点

　ふるさと納税の受入額と受入件数は，図表5-4に示すように，漸次増加している。しかし，ふるさとの納税制度は，「生まれ育ったふるさとに貢献できる

制度」であり，自分の意思で応援したい自治体を選ぶことができる制度であるが，返礼品競争を生み出した。例えば，ふるさと納税は，地域の特産物とは認めがたいような宝飾品や家電製品等が返礼品に使われ，自治体間の競争を生み出しているため，地域経済の活性化を目的とする「まちおこし」とはいえないと批判されている。そのため，総務省は，平成29（2017）年に地方自治体に対して良識ある対応を求める旨の通知を発し，返礼品割合の調達金額を寄附金額の30％以内に抑えるように要請した。加えて，ふるさと納税には，都市部の自治体から地方の自治体に税財源が流出するため，都市部自治体の行政サービスに影響が出るという問題点も指摘されている。

　また，地方交付税（普通交付税と特別交付税）は，国が地方に代わって徴収する地方税であり，全国どこの自治体でも一定水準の行政サービスができることを目的として配分されるが，令和元（2019）年末，国は国会審議を経ない「省令の改正」を行い，ふるさと納税制度で多額の寄付金を集めた泉佐野市への特別交付税を前年度より4億円以上減額し5,300万円とした[24]。しかし，大阪地裁は，地方交付税法が同制度の寄付金収入を減額の算定項目にしていないため，減額決定には国会による法改正が必要だと判決した。つまり，大阪地裁は，制度の不備を改めるより，力ずくで地方の振る舞いを正そうとした国の姿勢を批判したのである（国は控訴した）。

　すなわち，ふるさと納税は，寄付先に選ばれた自治体において貴重な財源となるが，納税者が居住する自治体では住民税が控除され税収が減る。例えば，横浜市の市税流出額は，令和4（2022）年度に，前年度比53億1,340万円増の230億890万円で全国トップとなった。一方，ふるさと納税による昨年度の寄付は，3億3,708万円にとどまったのである。制度上，減収の75％分は国から穴埋めされるが，市財源課の担当者は「25％にあたる57億円超の市税を失うのは影響が大きい」と説明する。

　現在，横浜市はライバル自治体への対抗策として，2年前から返礼品を充実させる方針に力を入れ，最近では横浜中華街の点心詰め合わせ，高級ホテルの宿泊券など49種類を追加して巻き返しを図っている。しかし，横浜市よりも深刻なのは川崎市である。令和4（2022）年度は102億9,132万円の税収が流出したが，国から「市の財政状況は豊か」と判断されているため，国から補填（ほてん）されず，失われる税収が，「市内全世帯の4分の3にあたる56万世帯超

【図表5-5】欠損金繰越控除の見直し

	従前	平成27年度改正	平成28年度改正後
控除限度 （大法人）	所得の 80%	平成27年度→所得の65% 平成28年度→所得の65% 平成29年度以後→所得の50%	〔平成27年度→所得の65%〕 平成28年度→所得の60% 平成29年度→所得の55% 平成30年度以後→所得の50% （注）それぞれ，4月1日以後に開始 する事業年度において適用されます。
繰越期間	9年	平成29年度以後の欠損金 →10年	平成30年度以後の欠損金→10年 （注）平成30年4月1日以後に開始す る事業年度において生じた欠損金につ いて適用されます。

（出所）財務省「平成28年度税制改正」参照。

のごみ収集と処理費に相当する」と算定された(25)。

第4節　公平・公正な社会を実現するための基盤構築

（1）平成28年度税制改正による課税ベース拡大

　法人税は，法人の企業活動により得られる所得に対して課される税であるが，平成28（2016）年度税制改正では，図表5-5に示すように「課税ベースを拡大しつつ税率を引き下げる」という考え方のもとで，損金算入における欠損金繰越控除の見直しが行われ課税ベースを拡大させた。

　また，平成28（2016）年度税制改正では，図表5-6に示すように，建物と一体的に整備される「建物附属設備」や，建物と同様に長期安定的に使用される「構築物」の償却方法について定額法に一本化した。そして，生産性向上設備投資促進税制は，図表5-7に示すように，期限どおり，平成28（2016）年度に縮減し，平成29年度に廃止された。なお，法人事業税（地方税）の外形標準課税は，図表5-8に示すように拡大された。

（2）マイナンバー制度の導入意義と役割

　マイナンバー制度とは，社会保障・税制度の効率性及び透明性を高めると共に，利便性及び公平性に優れた公正で健全な社会を実現することを目指して平

【図表5-6】減価償却の見直し

	改正前	改正後
建物	定額法	定額法
建物附属設備・構築物	定額法　OR　定率法	定額法
機械装置・器具備品等	定額法　OR　定率法	定額法　OR　定率法

（出所）財務省「平成28年度税制改正」参照。

【図表5-7】租税特別措置の見直し

	～平成27年度	平成28年度	平成29年度
機械装置など	即時償却 OR　5％税額控除	50％特別償却 OR　4％税額控除	廃止
建物・構築物	即時償却 OR　3％税額控除	25％特別償却 OR　2％税額控除	廃止

（出所）財務省「平成28年度税制改正」参照。

【図表5-8】外形標準課税の拡大

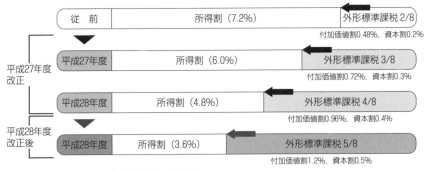

（出所）財務省「平成28年度税制改正」参照。

成27（2015）年から導入された制度のことである。

　マイナンバー制度の先駆的存在としては，「基礎年金番号（年金番号方式）」と「住民基本台帳番号（住民票コード）」の存在が挙げられるが，前者は，社会保険庁が平成9（1997）年1月から導入している制度であり，税務行政においても活用しやすいが，番号漏れや二重番号等が発生する可能性が指摘されている。そして，後者は，平成11（1999）年8月から総務省が導入している制度であり，番号所有者の住所異動を把握することが容易であるが，本人確認の場面

では活用することができないという利便性の悪さが指摘されている。しかし，このマイナンバー制度には，"なりすまし（身元盗用）"という問題点が指摘されており，米国においても"なりすまし"は社会問題化している。

　2007年6月21日，連邦議会下院歳入委員会・社会保障委員会（Subcommittee on Social Security）は，「なりすましから社会保障番号にかかるプライバシー保護に関する公聴会」（Hearing on Protecting the Privacy of the Social Security Number From Identity Theft）を開いたが，この公聴会において委員長の開会宣言に続き，各界から選出された12人の証人が"なりすまし犯罪"のもたらしている社会的弊害について証言を行っているのである[26]。今後，マイナンバー制度を普及させるためには，"なりすまし"等の問題点が生じないようなシステムを作成することが求められる。

（3）　地球温暖化防止京都会議開催及び環境税創設

　平成9（1997）年，地球温暖化防止京都会議が開催され，二酸化炭素，メタン，一酸化二窒素（亜酸化窒素），ハイドロフルオロカーボン（HFC），パーフルオロカーボン（PFC），六ふっ化硫黄（SF6）の6種類の温室効果ガスについて先進国の排出削減について法的拘束力のある数値目標などを定めた文書である京都議定書が採択され平成17（2005）年2月16日に発効した。京都議定書では，平成2（1990）年の6種類の温室効果ガス総排出量を基準として平成20（2008）年から平成24（2012）年の5年間に，先進国全体で少なくとも5％の削減を目指すことを取り決めた[27]。そして，再生可能エネルギーの導入や省エネ対策を始めとする地球温暖化対策を強化するため，平成24（2012）年10月1日に「地球温暖化対策のための税」が施行され，平成24（2012）年に391億円，2016年に2,623億円の税収入が計上されている[28]。もちろん，環境税による課徴金体制が環境問題の解決に直結するとはかぎらないが，環境税の創設は財源確保のためにも有効な方策である。そして，環境税の理論的背景となったのがピグー税であるが，ピグー税とは，イギリスの経済学者であるアーサー・セシル・ピグー（A. C. Pigou）が考案した税である。つまり，ピグーは，市場の失敗に際して，政府は課税や補助金を政策的に用いることにより社会的厚生が最大となるように努めるべきであると提案する。つまり，ピグーは，負の外部性がある場合には税（ピグー税）を課税し，正の外部性がある場合には補助金

【図表5-9】市場の失敗の根拠

（ピグー補助金）を付与すべきであると説明する。例えば，ピグーの考えに拠れば，環境汚染問題は市場の失敗に属するが，政府は環境汚染問題の原因を生起させた企業に対して課税を行うか，環境汚染の排除を目的として補助金を付与することにより社会的厚生の実現が最大となるような政策を選択しなければならない。市場の失敗とは，政府が市場において効率性を実現できないことであるが，政府は，市場の失敗を是正するために積極的に市場経済に参入することになる。そして，市場の失敗の根拠としては，図表5-9に示すように，(i)公共財，(ii)外部性，(iii)不完全な情報，(iv)不完全競争，(v)平均費用逓減等が挙げられる。第1に，公共財とは，万人に共通に消費される財及びサービスのことであり，非競合性（特定の個人消費が他の個人消費と競合しないこと）と非排除性（特定の個人の利用を抑制しないこと）という特性を有する。第2に，外部性とは，個人及び法人等の経済主体の行動が，他の個人及び法人等の経済主体に影響を与えることである。第3に，不完全な情報とは，売り手と買い手の二者間で情報を共有することができないことである。第4に，不完全競争とは，特定な個人及び法人が市場を独占することは認められないということである。第5に，平均費用逓減とは，サービスの供給が増大するに従い平均費用が逓減することである。つまり，市場経済が正常に機能していれば，政府が効率的な資源配分を実現することが可能となるが，市場経済が完全に機能しない場合には，市場の失敗が生じることになり，そして，政府は，市場の失敗を根拠として市場経済に介入する。逆に，市場の失敗が生じなければ，政府が市場経済において効率的な資源配分を実現できるのである。なお，市場経済の均衡機能を支え

ているのは消費者余剰と生産者余剰の均衡状態である。

小　括

　憲法９条は，第１項で，「日本国民は，正義と秩序を基調とする国際平和を着実に希求し，国権の発動たる戦争と，武力による威嚇又は武力の行使は，国際紛争を解決する手段としては，永久にこれを放棄する」と規定し，さらに，第２項において，「前項の目的を達するため，陸海空軍その他の戦力は，これを保持しない。国の交戦権は，これを認めない」と規定しているため侵略戦争を放棄し交戦権も否定すると解する。

　しかし，平成24（2012）年12月に発足した第二次安倍内閣は，日本を取り巻く安全保障環境の悪化を鑑みて集団的自衛権の行使を認め安全保障関連法を容認した。国際法上，集団的自衛権は，国連憲章第51条の個別的又は集団的自衛の固有の権利という条文を拠りどころとして，国連憲章が発効する以前から国際法上の慣習として認められていた権利である。

　また，第二次安倍内閣が主導した経済政策は，「アベノミクス」と称されるが，アベノミクスは，大胆な金融政策の効果，機動的な財政政策の効果，成長戦略の効果を三本の矢とする経済政策であるが，当時の日本財界人トップからの評価は高かった。例えば，経団連の中西会長は長期的な視野に立った成長性のある政策であると評価し，商工会議所の三村会頭は，国際情勢の中で長期政権であると評価し，そして，経済同友会の櫻田代表幹事も第二次安倍内閣が全世代型社会保障制度の構築に取り組んでいると評価している。そして，安倍内閣は，社会保障の充実・安定化と，そのための安定財源確保と財政健全化の同時達成を目指す「社会保障と税の一体改革」を行い，平成24（2012）年８月に関連８法案を成立させた。社会保障と税の一体改革では，医療・介護サービスの提供体制改革，医療・介護保険制度の改革，難病，小児慢性特定疾病に係る公平かつ安定的な制度の確立等の医療・介護保険制度の改革を目的として，まず，医療・介護サービスの提供体制改革では，病床の機能分化・連携，在宅医療の邁進等と，地域包括ケアシステムの構築を目指した。次いで，医療・介護保険制度の改革では，医療保険制度の財政基盤の安定化，保険料に係る国民の負担に関する公平の確保，保険給付の対象となる療養の範囲の適正化等，介護給付の

重点化・効率化，介護保険の一号保険料の低所得者軽減強化を目指したのである。

　また，安倍首相は，安保法制懇を再招集したが，安保法制懇は安倍首相の方針に基づき集団的自衛権の行使について憲法9条との整合性について会議で審査し『憲法解釈の変更を求める提言』を安倍首相に提出した。安保法制懇は，憲法9条の規定で，「自衛のための武力行使は禁じられておらず，自衛のための必要最低限の措置の中に集団的自衛権の行使は含まれる」と解釈するべきであると提案した。そして，安倍首相は，安保法制懇の報告書の受理後に，政府与党である自由民主党と公明党から成る与党協議会を開催したが，与党協議会は，平成26（2014）年7月1日に『基本方針』を了承した。そして，安倍首相は，与党協議会の報告を受けて，国家安全保障会議で基本方針を諮り，閣議決定したのである。平成26（2014）年7月1日の閣議では，「憲法9条はその文言からすると，国際関係における『武力行使』を一切禁じているように見えるが，憲法前文で確認している『国民の平和的生存権』や憲法第13条における『生命，自由及び幸福追求に対する国民の権利』は国政の上で最大の尊重を必要とする旨を定めている趣旨を踏まえて考えると，憲法9条が，自国の平和と安全を維持し，その存立を全うするために必要な自衛の措置を採ることを禁じているとは解されない」決定した。つまり，日本政府は，憲法9条下，例外的に許容される『武力の行使』について，「自衛の措置はあくまでも外国の武力攻撃によって国民の生命，自由および幸福追求の権利が根底から覆されるという急迫，不正の事態に対処し，国民のこれらの権利を守るためのやむを得ない措置として初めて容認されるものであり，そのための必要最小限度の『武力行使』は許容される」と表明してきたが，防衛省自衛隊は，平成26（2014）年7月1日の閣議決定を支持し，憲法第9条下で，「自衛隊は，日本国や日本国と密接な関係にある他国に対する武力攻撃が発生し，日本国の存立が脅かされ，国民の生命，自由および幸福追求の権利が根底から覆される危険がある場合には，適当な手段を講じても明白に危険が避けられなければ必要最低限の実力を行使することが認められている」と説明する。安倍政権は，自衛隊の海外での武力行使及び他国軍に対する後方支援を認めることにより，専守防衛の国防策を大きく転換し前進させた点で評価されるが，安倍内閣の国防策は，ロシア・ウクライナ戦争や台湾有事という国際的緊張を鑑みると先見性に富んだ英断であり，岸

田文雄内閣の新防衛3文書の閣議決定にも影響を与えた。

　また，現在，日本は，日米安保に基づき米軍の庇護下にあるが，米国には，潜在的に海外駐留軍の撤退を目指す戦略思想である GPR（Global Posture Review：グローバルな態勢の見直し）が存在している。そして，日本国の防衛面における重要な同盟国である米国の対応は，台湾有事の危機が迫るなか東アジアの軍事バランスが微妙な時代であるだけに日本の防衛を不安なものにさせる。そのため，日本は，日米同盟の要ともいえる日米安保条約を堅守するためにも米国側の新たな要求に応えられるような「思いやり予算」の増額も検討しなければならず，そして，日本の安全保障のための国防力を増強することを目的として，新たな防衛財政の確保を模索しなければならないのである。

注

（1）　東京新聞特集，「湾岸戦争クウェートの感謝広告『日本外し』の真相」参照。

（2）　第151回国会参議院外交防衛委員会会議禄第15号（平成13年6月12日）に詳しい。

（3）　第141回国会参議院会議議禄第3号（平成9年10月3日）に詳しい。

（4）　第145回国会参議院会議禄第3号（平成11年1月22日）に詳しい。

（5）　『安全保障の法的基盤の再構築に関する懇談会報告書（2014年5月15日）』22-24ページ。

（6）　浅野善治稿，「自衛隊は合憲という世論に対する主な意見」讀賣新聞オンライン・憲法学者意向調査（2018年5月10日）参照。

（7）　防衛省自衛隊ホームページ「憲法第9条の趣旨についての政府見解」参照。

（8）　佐藤　功著，『日本国憲法概説〔全訂第5版〕』（学陽書房，1996年）121ページ。

（9）　戸波江二著，『憲法〔新版〕』（ぎょうせい，1998年）101ページ。

（10）　筒井若水編著，『国際法辞典』（有斐閣，1998年）176ページ，浅田正彦編著，『国際法（第2版）』（東信堂，2013年）414-419ページ。

（11）　西川吉光稿，「集団的自衛権解釈の再考と日本国憲法」『国際地域学研究』第11号（2008年），藤田久一著，『国連法』（東大出版会，1998年）に詳しい。

（12）　D. W. Bowett (1958), *"Self-defencein International law"*, Manchester University Press, pp. 200-207. 大平善悟著，『日本の安全保障と国際法』（有信堂，1959年）97・150ページに詳しい。

（13）　Kunz, *"Individual and Collective Self-defense"*, in the Changing Law of Nations1, p. 567ページ，山本草二著，『国際法（新版）』（有斐閣，1994年）736ページに詳しい。

（14）　NHK政治マガジン2019年11月18日参照。

（15）　同上

（16）　同上

（17）　しんぶん赤旗，「アベノミクス破綻　貧困・格差広げた失政の清算を」参照。

（18）　総務省の調査結果に拠れば，全国すべての都道府県と全体の約9割の市町村でバ

ランスシートの作成が検討されている。

（出所）http://www.soumu.go.jp/iken/zaisei/bs_sakuseijokyo.html

(19)　総務省編，『地方公共団体の平成十七年度版バランスシート等の作成状況』（2007年）に詳しい。

(20)　高寄昇三稿，「自治体企業会計導入の戦略」地方自治ジャーナルブックレットNo. 35（公人の友社，2003年）13ページ。

(21)　Governmental Accounting Standards Board (1985), "*Discussion Memorandum, An Analysis of Issues Related to Measurement*" Focus and Basis of Accounting ─ Governmental Fund, pp. 29-32.

(22)　International Federation of Accountants (1994), "*Public Sector Committee, Occasional Paper 1: Implementing Accrual AccountingGovernment*", The New Zealand Experience, pp. 325-326.

(23)　山浦久司稿，「地方自治体における公会計制度改革の進展」『会計検査研究』No54（2016年）11ページ。

(24)　中日新聞2022年3月16日社説参照。

(25)　読売新聞2022年9月19日社説参照。

(26)　連邦取引委員会（Federal Trade Commission/FTC）の調査によれば，「過去12カ月間だけをみても，不正な手段を用いてSSNを盗用するなりすまし犯罪の被害者は，1,000万人，つまり合衆国の成人人口の5％近くに上っている」と報告されている。

（出所）Citizens Network Against National ID Numbers No. 51（2007）.

(27)　京都府「『京都議定書』とは」参照。

(28)　環境省「環境産業の市場規模・雇用規模等に関する報告書の公表について」参照。

参考文献

浅田正彦編著，『国際法（第2版）』（東信堂，2013年）

大平善悟著，『日本の安全保障と国際法』（有信堂，1959年）

川上高司著，『米軍の前方展開と日米同盟』（同文舘出版，2004年）

坂野正髙著，『近代中国政治外交史』（東京大学出版会，1973年）

佐藤　功著，『日本国憲法概説〔全訂第5版〕』（学陽書房，1996年）

田中二郎著，『租税法〔第3版〕』（有斐閣，1990年）

筒井若水編著，『国際法辞典』（有斐閣，1998年）

戸波江二著，『憲法〔新版〕』（ぎょうせい，1998年）

藤田久一著，『国連法』（東京大学出版会，1998年）

細谷雄一著，『安保論争』（筑摩書房，2016年）

宮沢俊義著，『憲法Ⅱ新版』（有斐閣，1971年）

第6章　現代の安全保障と税財政問題

はじめに

　一般的に，ナショナリズムとは，「自己の所属するネーション（共同幻想を共有する共同体）に対する帰属意識の強さが生み出す他国者を排斥する差別化や優越性のことである」と認識されるが，日本のナショナリズムは，竹島及び尖閣諸島の領有を巡る周辺諸国との衝突から保守化の傾向を示し始めている。

　平成22（2010）年，大韓民国（以下，「韓国」とする）との間で竹島の領有を巡る問題が発生しているが，韓国は6世紀の三國史記（新羅本記）の記録を拠りどころに独島（竹島）支配を主張する。しかし，韓国が主張する三國史記（新羅本記）の記録自体が曖昧なものであり，必ずしも韓国の独島（竹島）支配を証するものとはいえない。そして，日本にも明治10（1877）年の太政官指令という記録が存在し，太政官指令には「竹島と松島は日本の領土である」と明記されている。そして，日本国は，昭和26（1951）年9月8日に調印されたサンフランシスコ平和（講和）条約において，「朝鮮の独立を承認すると共に，済州島，巨文島，鬱陵島を含む朝鮮における全ての権利，権原，請求権を放棄する」としているが，この条文のなかには竹島は含まれていない。

　しかし，竹島は，現実的に韓国政府により実効支配されており，平成24（2012）年8月10日に，李明博大統領が竹島に上陸を果たしているが，竹島問題が日韓の関係を緊張したものにしている理由としては，日韓両国の間に跨る慰安婦問題や強制労働等の歴史問題が挙げられる。そのため，この歴史問題を包括的に解決しなければ，竹島の実効支配も解決しないという見解も存在する。

　一方，中華人民共和国（以下，「中国」とする）との間では，尖閣諸島問題が生起している。従来，尖閣諸島問題は，日中両国間において棚上げにしていたにもかかわらず，平成24（2012）年，民主党の野田佳彦内閣において尖閣諸島の国有化を決定したために尖閣諸島を巡る領土問題が顕在化し，中国国内にお

いて反日運動を引き起こした。そして，この尖閣諸島問題では「領土問題が存在する」と主張する中国と「領土問題自体が存在しない」と主張する日本との間で論議が平行線を辿り解決の糸口さえもみえない。実際に，中国は，尖閣諸島の実効支配を目的として中国公船及び中国漁船による領海侵犯を繰り返し防空識別圏を設定したのである。さらに，尖閣諸島の領有を巡っては，中国と日本だけではなく中華民国（以下，「台湾」とする）も領有権を主張し始めており，現在，尖閣諸島を巡る領土問題は混沌とした状態になっている。

　また，日本は，在日米軍経費の財政負担のための「思いやり予算」を計上しているが，思いやり予算については批判的な見解もみられる。

　しかし，米国には，潜在的に海外駐留軍の撤退を目指す戦略思想が存在しており，日本が同盟国との双務的義務を果たさない場合には「見捨てられる恐怖」が現実のものとなる。既述のように，現代日本は，ロシア・ウクライナ戦争が勃発し台湾危機が迫るなか，安全保障の危機が叫ばれ国防力の増強が求められている。そのため，本章では，まず，現代の国家財政と地方財政の課題を分析することを目的として，プライマリーバランスと防衛・安全保障，社会保障：こども・子育て政策の問題，及び地方交付税における不交付団体の増加について検証し，次いで，安全保障上の防衛財源の確保を目的とした，現代の国防策と防衛費の財政負担と，税制改革による防衛財源の創出可能性について，消費税，法人税，多国籍企業の租税回避問題を中心に検討したのである。

第1節　現代の国家財政と地方財政の課題

（1）　プライマリーバランスと防衛・安全保障

　プライマリーバランスが均衡した状態では，図表6-1に示すようになるが，日本のプライマリーバランス（基礎的財政収支）は赤字状態を示しており，将来の財政安定化のためには公債発行が必要になる。しかし，公債への依存度が高い政府（国）には，将来世代に負担を先送りしているため財政の健全化が求められる。

　また，日本の安全保障環境が厳しさを示している現状を踏まえ，防衛力を抜本的に強化することを目的として，図表6-2に示すように，令和5（2023）年から令和9（2027）年度の5年間で，43兆円規模の防衛力整備計画を実施するこ

【図表6-1】プライマリーバランスが均衡した状態

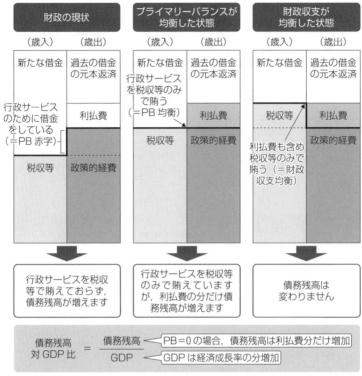

| 債務残高 対GDP比 | = | 債務残高 / GDP |

PB=0の場合，債務残高は利払費分だけ増加
GDPは経済成長率の分増加

少なくとも経済成長率（分母の伸び）と金利（分子の伸び）が同程度であるという前提に立ち，債務残高対GDP比の安定的な引下げには，PBの黒字化が必要です。

（出所）財務省「これからの日本のために財政を考える」参照。

ととしている。そして，財務省に拠れば，「資源の乏しい我が国が，有事に必要となる資源や装備品等を確保するには，多額の資金調達を要するため，これらに耐えうる財政余力を維持・強化することも不可欠です。そのため，新たに必要となる防衛費の財源を確保することが極めて重要です」と説明する。

（2）社会保障：こども・子育て政策の問題

日本の出生数の動向は，図表6-3に示すように，年々減少傾向を続けているが，こども・子育て支援の強化を目的として令和5（2023）年4月に，こども家庭庁が創設されると共に，6月には「こども未来戦略方針」が閣議決定された。

【図表6-2】 防衛力整備計画（令和 5 〜 9 年度）

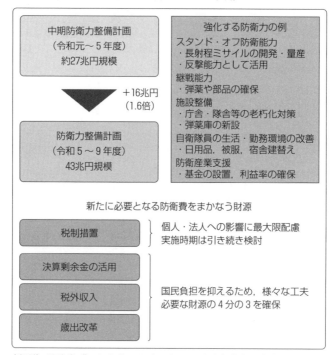

（出所）財務省「これからの日本のために財政を考える」参照。

財務省は，「今後 3 年間の集中取組期間において実施すべき『こども・子育て支援加速化プラン』と，それを支える安定的な財源確保に向けた基本骨格を示した」と説明している。

　また，日本の出生数の減少は，将来的に，安全保障における財源確保や兵員確保にも影響を与えることになるのである。

（3）　地方交付税における不交付団体の増加

　地方交付税とは，本来，地方の税収入とすべきであるが，団体間の財源の不均衡を調整し，すべての地方団体が一定の水準を維持しうるよう財源を保障する見地から，国税として国が代わって徴収し，一定の合理的な基準によって再配分する，いわば「国が地方に代わって徴収する地方税」（固有財源）という性

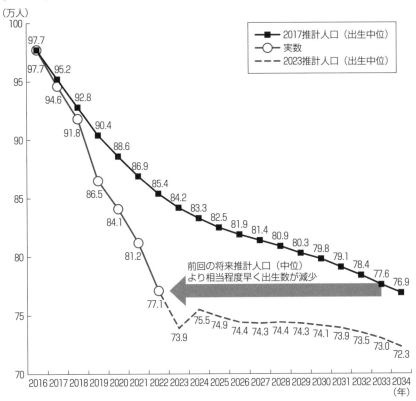

【図表6-3】 出生数の動向（推計と実績）

（注）上記の推計人口・実数は日本における日本人人口。2022年の実数は概数。
（出所）国立社会保障・人口問題研究所「日本の将来推計人口」，厚生労働省「人口動態統計」，
　　　　及び財務省「これからの日本のために財政を考える」参照。

格を有している（総務省ホームページ参照）。具体的には，地方交付税の総額は，所得税・法人税の33.1％（平成27年度から），酒税の50％（平成27年度から），消費税の19.5％（令和2年度から），地方法人税の全額（平成26年度から）とされる（地方交付税法第6条）。

　また，地方交付税の種類は，普通交付税（交付税総額の94％）と特別交付税（交付税総額の6％）で構成される（地方交付税法第6条の2）。なお，普通交付税の額の算定方法は，図表6-4のとおりである。

【図表6-4】普通交付税の額の算定方法

- 各団体の普通交付税額＝（基準財政需要額―基準財政収入額）＝財源不足額
- 基準財政需要額＝単位費用（法定）×測定単位（国調人口等）×補正係数（寒冷補正等）
- 基準財政収入額＝標準的税収入見込額×基準税率（75％）

【図表6-5】不交付団体数

区分	令和5年度	令和4年度	令和3年度
都道府県	1	1	1
市町村	76	72	53
合計	77	73	54

（出所）総務省「令和5年度　普通交付税の算定結果等」参照。

　現在，地方交付税の不交付団体は，図表6-5に示すように増えている。不交付団体とは，住民や法人の増加により住民税や固定資産税の増加に伴い交付を受ける必要がない団体のことであるが，必ずしも不交付団体であるから公共サービスの提供が多いとは限らない。例えば，神奈川県内の交付税不交付団体（令和5年度）は，川崎市，鎌倉市，藤沢市，厚木市，海老名市，寒川町，箱根町であり横浜市は交付団体だが，川崎市や鎌倉市などの不交付団体の財政力が横浜市の財政力を超えているとはいえない。なぜならば，地方自治体が，道路，下水道，公園，輸送等の公共インフラ整備に多額の投資をした場合には，財政豊かであると判断され不交付団体に成り得るからである。

第2節　現代の国防策と防衛費の財政負担

（1）防衛費1％の撤廃と新防衛3文書の閣議決定

　令和4（2022）年，日本政府（岸田文雄首相）は，与党（自由民主党・公明党）の合意を得て，図表6-6に示すように「新防衛3文書」を公表し，中国の軍事行動への対応表記を「懸念」から「挑戦」に引き上げているが，この岸田文雄内閣の閣議決定は憲法9条の専守防衛（敵地を攻撃する反撃能力）からの転換になった。そして，岸田内閣は，三木武夫内閣が定めた「国防費は，国内総

【図表6-6】新防衛３文書のポイント

区分	内容
国際情勢の認識	戦後，最も厳しく複雑な安全環境。わが国周辺で軍備増強の急速な展開。
反撃能力	必要最小限度の自衛措置として相手領域で反撃可能な能力を保有。行使は米と協力。
防衛費	2027年度に現在のGDP比で2％を目指す。公共インフラ，研究開発費を安保予算に。
サイバー	攻撃を未然に排除する「能動的サイバー防御」を導入。攻撃者の検知などへ法整備。民間インフラも守る。
中国の現状認識	これまでにない最大の戦略的な挑戦。
台湾	台湾海峡の平和と安全は国際社会に不可欠。
自衛隊の体制	陸空海３自衛隊を指揮し米国との調整役を担う常設統合司令部を創設。
装備品の輸出	防衛装備移転三原則や防衛装備移転三原則など運用指針の見直しを検討。

(出所) 日本経済新聞社（2022年12月11日・12月13日）

　生産（GDP）比１％とする」という政府方針を撤廃したのである。

　現在，日本政府は，台湾有事等の国際紛争に対応するため，米軍と自衛隊の一体運用を可能にする部隊を新設し，陸海空の３自衛隊の部隊運用を一元的に担う総合司令部を創設するとともに，航空宇宙自衛隊（宇宙作戦集団）やサイバー防衛についても検討し始めた[1]。そして，岸田内閣は，三木武夫内閣が定めた「防衛費は国民総生産（GNP）比１％とする」という政府方針を撤廃し，令和9（2027）年までに防衛費を国内総生産（GDP）比２％に増額する方針であり，その防衛費の財源としては，図表6-7に示すような積立金，剰余益，売却収入等を充当する案を検討した[2]。また，政府の有識者会議は，「防衛財源は，今を生きる世代全体で分かち合っていくべきであるとし，安定した財源の確保，幅広い税目による負担，国債発行が前提となることがあってはならない」と提言する。つまり，防衛費の具体的な増額については，慎重な対応が求められるのである。

【図表6-7】財務省が検討する防衛財源案

区分	内容
独立行政法人	国立病院機構と地域医療機能推進機構の積立金（計1500億円）
特別会計	財投特会の財政融資資金勘定の積立金（1.1兆円） 同特会の投資勘定の予備費（700億円） 米国債の金利上昇や円安で増加を見込む外為特会の剰余金
国有財産	大手町プレイスの売却収入（4364億円）

（出所）日本経済新聞社（2022年12月 2 日）参照。

【図表6-8】公共財の分類

　しかし，軍事的防衛（以下，「国防」とする）は，図表6-8に示すように警察や消防という公共サービスと同じように純粋公共財であると認識できる。つまり，国防は，「純粋公共財」であり，個人や企業は，国防によってもたらされる社会の安心・安全のおかげで自由な活動が享受できるのである[(3)]。そのため，国防という安全保障を享受する国民には，防衛財源の負担という義務を負うことが求められるのである。

（2）純粋公共財としての国防（軍事的防衛）の在り方

　政府の役割は，図表6-9に示すように，アダム・スミス（Adam Smith）等の夜警国家論者が提唱する小さな政府とケインズ（John Maynard Keynes）等の福祉国家論者が提唱する大きな政府に大別される。前者は，政府の介入を生存権や財産権等の基本的人権の保障に限定するべきであるという考え方であり，後者は，政府の介入を基本的人権の保障に限定することなく社会環境の整備を目的として拡大させ政府が積極的に介入するべきであるという考え方である。

【図表6-9】 小さな政府と大きな政府の比較

小さな政府（夜警国家の実現）	大きな政府（福祉国家の実現）
政府は，介入対象を生存権や財産権等の基本的人権の保障に限定するべきである。	政府は，介入対象を社会環境の整備を目的として拡大し積極的に介入すべきである。
政府は，介入対象範囲を「純粋公共財」に定めて資源の効率的配分を実現する。	政府は，資源の再分配政策を採り，資源配分を公的部門に傾注し課税の強化も図る。

　そして，小さな政府は，政府の対象範囲を純粋公共財に定めて資源の効率的配分を実現するのに対して，大きな政府は，政府の対象範囲を純粋公共財以外にも拡大する。そのため，大きな政府は，資源の再分配政策を採り社会環境の整備のために資源配分を公的部門に傾注し課税の強化も図ることになるが，大きな政府を実現する政策は，国民から勤労，貯蓄，投資等の種々の意欲を収奪し，結果として経済資源の配分効率も抑制する恐れがある。

　また，日本国民が，純粋公共財としての国防を永久不滅に受益できると認識しているのであればその認識は適切ではない。なぜならば，米国には，同盟国への対応の見直しと米軍再編の動きがあり，そして，日米安全保障条約の効力が未来永劫に継承されるという保証はないからである[4]。

　実際に，日本政府（岸田文雄首相）は，与党（自由民主党・公明党）の合意を得て，「新防衛3文書」を公表し，中国の軍事行動への対応表記を「懸念」から「挑戦」に引き上げ，憲法9条の専守防衛からの転換（敵地を攻撃する反撃能力）を目指しているが，この際に問題となるのが国防のための財源確保である。史上，日清戦争，日露戦争，第一次世界大戦・シベリア出兵，日中戦争・アジア太平洋戦争と四度の対外戦争を経験してきた日本は，軍事財政を維持するために「臨時軍事費特別会計」を計上した。臨時軍事費特別会計とは，宣戦布告を行った戦争の戦費を処理することを目的として設けられた特別会計のことであるが，臨時軍事費特別会計の歳出決算額（以下，「歳出決算額」とする）において，日中戦争・アジア太平洋戦争期（1937年～1945年）の臨時軍事費特別会計は群を抜いて大きい。例えば，日中戦争・アジア太平洋戦争期の歳出決算額1,554億円は，日清戦争期（1894年～1895年）の歳出決算額2.0億円，日露

戦争期（1904年〜1905年）の歳出決算額15.1億円，第一次世界大戦・シベリア出兵期（1914年〜1925年）の歳出決算額8.8億円に比べると突出した多額の金額であり，そして，日中戦争・アジア太平洋戦争期の歳出決算額は日清戦争時の歳出決算額の約777倍を計上し，そして日露戦争の歳出決算額の約100倍にも達している[5]。

　また，臨時軍事費特別会計は，開戦から終戦までを1会計年度とするが，日中戦争・アジア太平洋戦争の期間（101ヵ月）は，日清戦争や日露戦争の戦争期間に比べると長期にわたる。そのため，日中戦争・アジア太平洋戦争時における臨時軍事費特別会計では，12次に及ぶ追加予算が計上され合計15回の予算が成立している[6]。

　本来，防衛予算は，防衛国債を財源とするべき性質のものであるが，防衛国債を計上することが難しい。そのため，令和5（2023）年1月，政府は，国会に令和5（2023）年度予算案を提出し，建設国債4,000億円を防衛費に充てることを検討している。防衛費は，過去最大の6兆6,001億円〈米軍再編関係費を除く〉に上り，建設国債で財源を手当てするのはそのうちの7％にあたる4,343億円になる[7]。過去に，海上保安庁の巡視船建艦では，海上救難や沿岸警備が目的であり，他国からの攻撃により艦船が破損することもなく耐用年数も長いという理由から，次世代に残す予算として建設国債の使用が認められたのに対し，自衛隊の護衛艦建造では，破損するリスクがあるため自衛隊の護衛艦建造に防衛費に充てることが否認された[8]。しかし，防衛財源の不足を補うためには，建設国債の活用を検討するべきである。

（3）　防衛費財源に財政投融資の特別会計の剰余金活用

　財政投融資制度は，図表6-10に示すように，「財政投融資」，「産業投資」，「政府保証」により構成される。第一に，財政投融資とは，毎年度に財政投融資計画に基づいて，公共部門における資金の流出を管理する公的金融システムことを指すが，その原資となるのは，郵便貯金を核とする厚生年金，国民年金等の公的資金と，財投債（国債）の発行により調達した資金である。つまり，財政投融資とは，民間企業において応じることが難しい大規模・超長期的プロジェクトを政策的に支援することを目的として，国の特別会計，地方公共団体，政府関係機関，独立行政法人等に対して長期間にわたり低利の固定資金の融資を

【図表6-10】財政投融資の仕組み

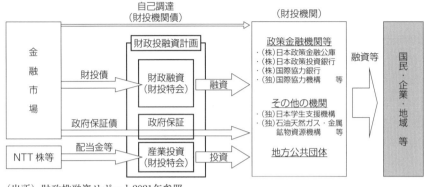

(出所) 財政投融資リポート2021年参照。

行う制度のことである。第二に，産業投資とは，産業の開発及び貿易振興を目的として，財政投融資特別会計投資勘定が保有する NTT 株，JT 株等の配当金などを原資とする投資（主に出資）のことである。例えば，対象となるプロジェクトは，研究支援・ベンチャー支援等である。第三に，政府保証とは，政府関係機関や独立行政法人等が金融市場で発行する債券や借入金を対象とした保証のことであり，政府保証を付与することにより事業に必要とされる資金調達の円滑化を図ることが可能となる。そのため，岸田内閣は，過去にも東日本大震災の復興財源に活用した事例に習い，防衛財源の確保を目的とする財政投融資の特別会計から剰余金の活用を検討したのである。

（4） 在日米軍駐留経費と思いやり予算の関係

日米安全保障条約（以下，「日米安保条約」とする）は，米国が軍隊等の人的資源を提供し，日本が基地及び駐留経費等の物的資源を提供するという相互関係により成立している。そのため，日本は，昭和53（1978）年以後，在日米軍駐留経費として「思いやり予算（令和3年に12月から同盟強靱予算と称する）」を計上し，日米地位協定及び特別協定によって，施設整備費に加えて，米軍基地で働く日本人従業員の給与や労務費，米軍家族の住宅建設費，水道・光熱費，学校建設費などを負担しているが，日本政府の負担額は，昭和53（1978）年には62億円であったが，平成7（1995）年には2,714億円までに拡大している[9]。

そして，令和5（2023）年度のおもいやり予算額は，年平均2,110億円（5年間）である。しかし，日本が多額の在日米軍駐留経費を負担しているのにもかかわらず，米国の第2次アーミテージ・ナイ・レポートは，思いやり予算を含めた日本側の貢献の在り方が不十分であり，日米の貢献度を対等な形に改めなければならないと批判するのである[10]。

　一方，日本国内でも在日米軍駐留経費を負担する「思いやり予算」については批判的な見解が存在する。例えば，日本共産党は，「在日米軍の活動経費のうち，日本側負担分（在日米軍関係経費）の総額が，米軍『思いやり予算』の支払いが始まった昭和53（1978）年度以来，今年度で約20兆円に達する」[11]と試算し，国民の税金の浪費であると批判する。また，琉球新報は，「国の借金が1千兆円を突破している現状を考えれば，日本政府は，沖縄の基地軽減を阻む元凶となっている『思いやり予算』を削減すべきだ」[12]と指摘する。確かに，厳しい財政状態を鑑みた場合にはこれらの批判的な見解にも一理あるが，慎重な検討が求められる。なぜならば，思いやり予算の負担により，安全保障が保たれているのも事実だからである。

（5）　米国の戦略思想に応じた同盟国の財政負担

　米国には，同盟国への対応の見直しと，米軍再編の動きが存在する。例えば，ジョージ・ケナン（George. F. Kennan）は，米軍の海外への関与を縮小し，地域内の勢力均衡の維持についても地域を構成する国に任せ，地域内の均衡バランスが保てなくなった場合にのみ米軍が介入することに改め，そして，海外基地から米軍を撤退させた分については核兵器や長距離機動力を強化することで補塡し，米国自身の安全を確保すると共に，軍事戦略上，重要な地域についてもライバル国に渡さないようにするべきだと提案する[13]。

　すなわち，米国には，潜在的に海外駐留軍の撤退を目指す戦略的思想であるGPR（Global Posture Review：グローバルな態勢の見直し）が存在しており，米軍はGPRに基づきアイルランドから完全に撤退した。そのため，自国軍を有していなかったアイルランドは，自国防衛の対応に追われれることになった。そして，米国は，一時，韓国駐留米軍の再編と縮小・撤退も検討していたが，米軍が韓国から完全に撤退した場合には，日本の安全保障も影響を受けることになる。

　マイケル・マンデルバウム（Michael Mandelbaum）は，「見捨てられる恐
怖」と「巻き込まれる恐怖」から成り立つ同盟のディレンマについて指摘する
が，見捨てられる恐怖という視点から検討した場合には，日本は米軍との軍事
同盟を維持する以外に選択の余地はない[14]。実際のところ，日米安保は必ずし
も対等な同盟関係とはいえないが，仮に，日米安保を対等な同盟関係として位
置づけるならば，日本側には同盟国の義務が生じることになり，そして，日米
安保における同盟国の義務については，「有事に際しての共同行動と，基地の
提供と維持という二本の柱から成っており，これらの『義務』を組み合わせて
果たすことで『同盟国の義務』の水準を一定に保ち，『見捨てられる恐怖』を回
避するのが，同盟管理上の日本の基本的戦略となる」[15]のである。しかしなが
ら，同盟という取引を通じた「同盟相手国のコミットメント履行の確保には，
逃れえない弱点があり，たとえ，一方の当事国がどれだけの『価値』を同盟相
手国に提供していたとしても，同盟相手国によるコミットメントの履行は全く
自動的なものでななく，そこには常に同盟相手国の意思決定が介在し，究極的
には『逃げ道』が存在する」[16]のである。
　つまり，同盟は，一種の取引になぞらえることができ，本来であれば同盟国
の義務が生じることになるが，必ずしも双務的な関係には成り得ず，政治的判
断に伴う相手国政府の意思決定によっては片務的な関係にも成り得る可能性を
有する。そのため，仮に，同盟という取引が，潜在的に片務的関係に至る可能
性を有しているとしても，「思いやり予算」による防衛上の経費負担という同
盟国の義務を果たす意思表示を示さなければ，永遠に双務的関係を構築するこ
とができず，日本が確固たる双務的関係を構築することを目指すならば，米国
が欲する思いやり予算を計上し，同盟という取引を成立させなければならない
のである。
　現在，日本は，東アジアの国際的緊張が高まるなか，安全保障面において難
しい局面に立たされている。ここで思い出されるのは，米国大統領のリチャー
ド・M・ニクソン（Richard Milhous Nixon）の発言である。かつて，ニクソン
米国大統領は，アジア地域の安全を維持するためには，日本にも積極的にアジ
ア地域の防衛と責務を担わせるべきであり，米軍撤退後の対応策として将来的
に日本の核武装を容認するべきであると主張した[17]。この時点では，実現する
ことのありえない提案として認識されていたが，現在の東アジアの国際緊張関

係を鑑みると，一部の識者の間では必ずしも否定することができないプランとして認識され始めているのである。

第3節　税制改革による防衛財源の創出可能性

（1）　消費税のインボイス方式導入と益税問題

①　インボイス方式の計算方法及び長所・短所

消費税は，昭和53（1978）年の大平正芳内閣において導入が検討され，次いで，昭和57（1982）年に発足した中曽根康弘内閣による売上税の導入が検討されるという紆余曲折を経て，昭和62（1987）年に発足した竹下　登内閣により導入される。

また，消費税は，税率を5％から8％に引き上げた際に10兆円前後だった消費税の税収が約17兆円にまで増加しており，さらに，税率を8％から10%へと引き上げたが，その結果，平成30（2018）年度の17.7兆円から令和2（2020）年度の21.7兆円へと4兆円の税増収になった。つまり，消費税率の2％上昇で4兆円の増収ということは，消費税率の1％上昇で2兆円の増収が見込める計算になる。そして，日本の消費税率（付加価値税率）は，図表6-11に示すように，国際的には必ずしも高率ではないため，仮に消費税率を5％から10%程度上げて15%から20%にしても問題ないといえる（勿論，消費税の増税分の一部を福祉財源に回し社会保障を充実させることも重要である）。そのため，財政の健全化を目指しながら公共サービスとして認識できる防衛費の増額を図り，防衛財源を確保するためには消費税の税率を上げることも検討するべきである。

また，消費税において，インボイス方式（適格請求書等保存方式）が令和5（2023）年10月1日から導入されるが，インボイスとは，図表6-12に示すような「適格請求書」のことであり，インボイスの発行には，税務署に登録した発行事業者の「登録番号」の記載が求められることになる。例えば，買手側が仕入税額控除を認められるためには，(i)売手側（請求書の発行者）が税務署長に対して適格請求書発行事業者になるための申請書を提出し，(ii)税務署長による審査を経て，(iii)適格請求書発行事業者登録簿に登録し，(iv)登録番号の通知を受けていることが必須要件となる。しかし，インボイスに発行業者の登録番号の記載が無い等の不備があれば，仕入税額控除を受けることができない。

【図表6-11】付加価値税の国際比較

税率	国名
25%	デンマーク・スウェーデン・ノルウェー
22%	イタリア
21%	オランダ・ベルギー
20%	フランス・オーストリア・イギリス
19%	ドイツ
15%	ニュージーランド
13%	中国
12%	フィリピン
10%	韓国・インドネシア・日本
7%	タイ・シンガポール
5%	台湾・カナダ

（出所）国税庁・税の学習コーナー「税の国際比較」参照。

【図表6-12】商取引上の消費税の課税システム

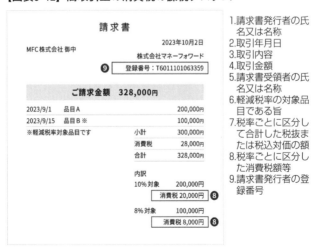

1.請求書発行者の氏名又は名称
2.取引年月日
3.取引内容
4.取引金額
5.請求書受領者の氏名又は名称
6.軽減税率の対象品目である旨
7.税率ごとに区分して合計した税抜または税込対価の額
8.税率ごとに区分した消費税額等
9.請求書発行者の登録番号

（出所）国税庁ホームページ参照。

【図表6-13】インボイス発行のために新たに課税事業者になる事業者数（財務省推計）

区分	内容
免税事業者（推計）	486万者
うちインボイス発行が必要な者（A）	161万者
平均新規納税額（B）	15.4万円
増税額（A×B）	2,480億円

（出所）衆院財務金融委員会（2019年2月26日）での宮本徹衆院議員への財務省答弁。

　インボイス方式の長所としては，次の二点が挙げられる。第1に，軽減税率（複数税率）に適正対応することができ脱税防止に有益であり，第2に，インボイス方式を導入することにより益税問題を解決することができる。例えば，財務省の推計では，現在の免税事業者のうちインボイスの発行に伴い，新規に課税事業者として認定される個人及び法人数は，図表6-13に示すように，両者合せて161万者になると推計されており，1者あたり平均15.4万円の消費税の納税が求められ合計2,480億円の増税になると試算される。なお，インボイス方式の長所と短所については，図表6-14に示す。

②　インボイス導入による益税問題の検証

　消費税には，益税問題が生じており国家財政の健全化を妨げているという主張がある。益税とは，消費者が支払った消費税が納税されず，事業者の手元に残ってしまうことであるが，益税が発生する原因としては，事業者免税点制度，簡易課税制度，売上げの過少申告，仕入れの過大申告等が指摘できる[18]。

　消費税では，事業者が売上げた際に納税者である消費者から預かった税額から仕入れの際に取引先に支払った税額を控除する（仕入税額控除）ことにより納付税額を算定して課税庁に納付することを原則としている。しかし，小規模事業者に対しては，納税事務手続きの簡素化と事務コストの削減等を目的として事業者免税制度及び簡易課税制度による納税方法を容認している。つまり，事業者免税制度と簡易課税制度を用いて消費税を納付した事業者は，原則的な方法により消費税を納付した事業者に比べて納税負担を軽減させることが可能となり益税問題も生じるケースがある。

　周知のように，事業者免税制度と簡易課税制度は，図表6-15及び図表6-16に

【図表6-14】 インボイス方式の長所と短所

	インボイス方式	帳簿方式
長所	・軽減税率に適正に対応できる。 ・免税事業者からの仕入税額控除は認められないため，益税の問題が生じにくい。 ・事業者間で相互牽制作用が働くため，確実な転嫁や脱税の防止を期待できる。	・事業者の事務負担が比較的小さい。 ・免税事業者の取引の中間段階から排除されるおそれがない。
短所	・インボイスの発行，管理など，事業者の事務負担が比較的大きい。 ・免税事業者が取引の中間段階から排除されるおそれがある。	・軽減税率への適正な対応が困難である。 ・免税事業者からの仕入税額控除を認めていることから，益税の問題の一因となっている。 ・税負担の転嫁の関係が不透明であることから，中小事業者の価格転嫁を難しくする一因となっている。

(出所) 佐藤 良稿，「インボイス方式導入をめぐる経緯と課題」『調査と情報― ISSUE BRIEF ―』No. 949（国立国会図書館，2017年） 3 頁参照。

示すような制度であり，平成16（2004）年には，簡易課税制度適用上限が5,000万円まで引き下げられたことにより益税問題が緩和している。しかし，消費税が帳簿方式を前提として「事業者免税制度」を残す限り益税問題がすべて解消したとはいえない。益税問題の解決策として最も効果的な方法は，帳簿方式に替えてヨーロッパ諸国において広く採用されているインボイス方式を導入することである。インボイス方式とは，仕入れ先から送付されてきたインボイス（税額伝票）を用いて，取引業者のインボイスを分類・集計して税額控除を受ける方法である。このため，インボイス方式は，事業者の売上げにおける過少申告や仕入れにおける過大申告を未然に防ぐことができ，消費税における課税の透明性を確立することができるのである。勿論，消費税のインボイス制度の導入については反対意見があり，反対意見のなかには正鵠を射た見解もある[19]。

また，消費税の益税に対しては，特例措置を講じることにより中小・零細企業の保護と育成を行うためには必要な存在であるという考え方もある。しかし，

【図表6-15】事業者免税点制度の概要

【平成９年税率引上げ時】
　資本金1,000万円以上の新設法人は不適用（設立後２年間に限る）

【平成15年度改正】
　適用上限を課税売上高3,000万円から1,000万円へ引下げ

【平成23年度改正】
　前年又は前事業年度上半期の課税売上高が1,000万円を超える事業者は不適用
　　※１　課税売上高に代えて支払給与の額で判定可
　　※２　平成25年１月１日以後に開始する年又は事業年度について適用

【社会保障・税一体改革】
　資本金1,000万円未満の新設法人のうち，課税売上高５億円超の事業者等がグループで50％超出資して設立された法人は不適用（設立２年間に限る）
　　※平成26年４月１日以後に設立される法人について適用

（注）前々年（個人）又は前々事業年度（法人）の課税売上高が1,000万円以下の事業者については，その課税期間について，消費税を納める義務が免除されている。基準期間（前々事業年度）のない新設法人の設立１期目及び２期目の扱いは原則として資本金の額で判定。
　　※　資本金1,000万円未満の新設法人は，設立当初の２年間，免税事業者となる。資本金1,000万円
　　　以上の新設法人は，設立当初の２年間，事業者免税点制度が適用されないため課税事業者となる。
（出所）財務省「消費税の中小・小規模事業者向けの特例に関する資料」参照。

消費税における「益税問題」については，そもそも存在しないという見解もある。つまり，消費税の益税については，法的に益税が生じる余地はないのである。例えば，『益税』存在論者は，「免税事業者も価格に10％上乗せしているのに納税しないというが，消費税法は消費者・顧客・取引先への価格転嫁を法的に保障していない。消費税法上規定されている10％の税率は，価格に10％上乗せを保障するものではなく，事業者が年間納税額を計算する際の税率として規定しているにすぎない。また，仮に免税事業者が10％分上乗せしたとして販売したとしても，その分を預かって納税する仕組みではない。米国の小売売上税と誤認してはならない」[20]のである。

【図表6-16】簡易課税制度の概要

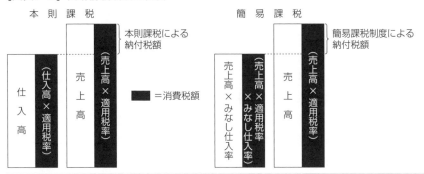

適用要件
　前々年（個人）又は前々事業年度（法人）の課税売上高が5,000万円以下であり，かつ，「簡易課税制度選択届出書」を事前に提出していること。但し，簡易課税制度を選択した事業者は，２年間以上継続した後でなければ，選択をやめることはできない。

みなし仕入率
　事業の種類ごとに，仕入高の売上高に通常占める割合を勘案して定められている。卸売業（90％）・小売業等（80％）・製造業等（70％）・サービス業等（50％）・その他（60％）

（注1）消費税の軽減税率が適用される食用の農林水産物を生産する事業は80％，その他の農林水産物を生産する事業は70％となる。
（注2）サービス業等とは，サービス業，運輸通信業，並びに金融業及び保険業をいう（出所）財務省「消費税の中小・小規模事業者向けの特例に関する資料」参照。

③　東アジア諸国のインボイス制度の分析

　東アジアとは，アジア地域のなかでもモンゴル高原，中国大陸，朝鮮半島，台湾諸島，日本列島等の地域のことであるが，東アジアの民主主義国家のなかで日本に先駆けてインボイス制度を導入しているのは，大韓民国（以下，「韓国」とする）と台湾である。そのため，東アジア諸国のなかでは，韓国の「税金計算書」及び台湾の「統一発票」について検証するが，特に，韓国の税金計算書を中心に検証したい。なぜならば，韓国と日本の税システムは類似しているため比較検証しやすいからである。韓国と日本の税システムが類似している理由としては，韓国が日本の税務行政の影響を強く受けた時代があったことに

起因すると推測できる。例えば，アジア太平洋戦争直後の1945年当時の日韓の税体系はその税目が一致しており，若干の相違点も指摘できるが類似性が高い。

　韓国の付加価値税は，1977年に導入され，2011年以後，全ての事業者に対して付加価値税の申告をするに際に「税金計算書」の添付が義務づけられたのであるが，この時期はベトナム戦争による好景気（以下，「ベトナム特需」とする）が収束した時期と歩調を合わせる。韓国は，ベトナム戦争への参戦の見返りとして，米国からの経済援助（1億5,000万ドルの開発借款）を得るとともに，物品軍納，建設軍納，用役軍納によりベトナム特需の恩恵を受けたが，IMF：International Monetary Fund の調査に拠れば，ベトナム特需は，対国民総生産（名目）比率を上昇（1965年0.6％・1966年2.1％・1967年3.3％・1968年3.5％）させており韓国経済の発展に果たした役割は大きい。そして，韓国では，ベトナム戦争の終結を受けてベトナム特需に替わる恒久的な安定財源の確保を目的として付加価値税の導入が画策されたと推測できる。韓国の税金計算書とは，事業者が財貨や役務を供給するときに付加価値税を徴収するが，その徴収を証明するために交付される税金領収証のことであり，電子税金計算書制度とは，税金計算書を電子的な媒体（インターネット等）を利用してやり取りする方式のことである。そして，韓国では，2014年に，法人に対する電子税金計算書の作成が義務づけられたが，電子税金計算書では，財貨又は役務を提供する事業者が税金計算書を電子的手法で作成・発給するが，同時にその内訳を国税庁に電子メールで転送することが求められており，個人情報の管理体制が確立されると共に電子税金計算書の導入により納税協力費用を大幅に減少できた。例えば，韓国では，図表6-17に示すように，「①売主（売上者）が政府専用 Web サイトに取引情報を入力する（税金計算書の発行請求），②政府専用 Web サイトは，取引情報を国税庁のサーバーに送信するとともに買主（仕入者）にも送信し，③買主は付加価値税を申告すると共に仕入税額控除を受ける」という電子税金計算発給システムを構築した。

　一方，台湾では，財源の安定や脱税の防止を目的として付加価値税の仕入税額控除についてインボイス方式を採用しており，法人（営利事業者）は，「統一発票」を発行し使用することが求められる。つまり，台湾の法人は，預かった営業税から支払った営業税を控除した差額を納税するが，1951年に，「統一発票」と称するインボイス制度が導入され，2000年より統一発票の電子化が推進

【図表6-17】 一般的な韓国の電子税金計算発給システム

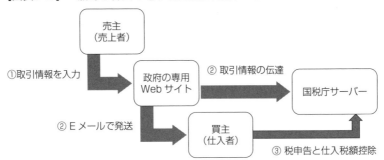

されてきた。例えば，法人（営利事業者）は商品やサービスを提供する際に「統一発票」の発行が義務付けられており，法人は財政部（台湾政府）の発行する連番の統一発票を購入し，統一発票に取引内容を記入して相手に渡す規則になっている。そして，営業用のインボイスには，売上日，国の管理番号，購入者の法人統一番号，売上金額，営業税，発行者が記載されている。

　また，台湾の統一発票には，三連式（国内営利事業者用），二連式（国外営利事業者又は個人用），レジ式（百貨店又はコンビニ用）の3種類が存在するが，納税事業者は税務署から連番の統一発票を購入して2ヶ月分を一括して納付しなければならないため，売上の計上漏れや脱税することが難しい税システムとなっている。つまり，財源の安定や脱税の防止を目的として課税効率の迅速化やデータの共有化を推進できるインボイス制度の果たす役割は大きい。そのため，日本に先駆けてインボイス制度を導入した東アジア諸国のインボイス制度について検証・分析することが求められる。そして，台湾のインボイス制度では，領収証を発行する概念が乏しく脱税が横行していた商慣習を改めるため，購入者のマイナンバー番号が記載されていない個人向け対象の統一発票に「宝籤」機能（2か月に1回当選金の番号が発表される）をもたせている。

（2）法人税制度における諸問題の検証

① 宗教法人の収益事業課税と脱税問題

　法人税は，図表6-18に示すように，収益事業に対して法人税が課税される。但し，宗教法人には，図表6-19に示すように，文部科学大臣所轄の宗教法人と

【図表6-18】収益事業（34業種）

物品販売業	不動産販売業	金銭貸付業	物品貸付業	不動産貸付業
製造業	通信業	運送業	倉庫業	請負業
印刷業	出版業	写真業	貸席業	旅館業
料理店その他の飲食店業	周旋業	代理業	仲立業	問屋業
鉱業	土石採取業	浴場業	理容業	美容業
興行業	遊技所業	遊覧所業	医療保健業	技芸の教授
駐車場業	信用保証業	無体財産権の提供等	労働者派遣業	

【図表6-19】宗教法人数総括表　　　　　　　　　　　　（平成29年12月31日現在）

所轄	系統	包括宗教法人	単位宗教法人					合計
			被包括宗教法人			単立宗教法人	小計	
			文部科学大臣所轄包括宗教法人に包括されるもの	都道府県知事所轄包括宗教法人に包括されるもの	非法人包括宗教団体に包括されるもの			
文部科学大臣所轄	神道系	123	23	—	1	70	94	217
	仏教系	157	169	—	4	136	309	466
	キリスト教系	65	43	—	1	214	258	323
	諸教	29	26	—	—	58	84	113
	計	374	261	0	6	478	745	1,119
都道府県知事所轄	神道系	6	82,399	139	115	1,986	84,639	84,645
	仏教系	11	73,967	65	168	2,603	76,803	76,814
	キリスト教系	7	2,758	29	21	1,630	4,438	4,445
	諸教	1	13,838	—	8	382	14,228	14,229
	計	25	172,962	233	312	6,601	180,108	180,133
合計		399	173,223	233	318	7,079	180,853	181,252

出典：文化庁　宗教統計調査結果（e-Stat）より

都道府県知事所轄の宗教法人に分類されるが，収益事業から生じた所得にのみ課税される。

　一般的に，宗教活動は，宗教の教義を広め，儀式行事を行うという特殊なサービスを国民に提供することより公益に貢献しているため，宗教法人は，図表6-20に示すように，収益事業から生じた所得にのみ法人税が課税され法人税率も低率である。

【図表6-20】公益法人などの主な課税の取扱い

	公益社団法人 公益財団法人	学校法人 更生保護法人 社会福祉法人	宗教法人 独立行政法人 日本赤十字社 等	認定NPO法人 特例認定 NPO法人	非営利型の 一般社団法人 一般財団法人^(注1) NPO法人	一般社団法人 一般財団法人
根拠法	公益社団法人及び公益財団法人の認定等に関する法律	私立学校法 更生保護事業法 社会福祉法	宗教法人法 独立行政法人通則法 日本赤十字社法 　　　　　等	特定非営利活動促進法	一般社団法人及び一般財団法人に関する法律（法人税法） 特定非営利活動促進法	一般社団法人及び一般財団法人に関する法律
課税対象	収益事業から生じた所得にのみ課税 ただし，公益目的事業に該当するものは非課税	収益事業から生じた所得にのみ課税	収益事業から生じた所得にのみ課税	収益事業から生じた所得にのみ課税	収益事業から生じた所得にのみ課税	全ての所得に対して課税
みなし寄附金^(注2) ※損金算入限度額	あり ※次のいずれか多い金額 ①所得金額の50% ②みなし寄附金額のうち公益目的事業の実施に必要な金額	あり ※次のいずれか多い金額 ①所得金額の50% ②年200万円	あり ※所得金額の20%	あり （特例認定NPO法人は適用なし） ※次のいずれか多い金額 ①所得金額の50% ②年200万円	なし	なし
法人税率（所得年800万円までの税率）^(注3)	23.2%（15%）	19%（15%）	19%（15%）	23.2%（15%）	23.2%（15%）	23.2%（15%）
寄附者に対する優遇^(注4)	あり	あり	あり（宗教法人等を除く）	あり	―	―

（注1）非営利型の一般社団法人・一般財団法人：①非営利性が徹底された法人，②共益的活動を目的と
　　　する法人
（注2）収益事業に属する資産のうちから収益事業以外の事業（公益社団法人及び公益財団法人にあって
　　　は「公益目的事業」，認定NPO法人にあっては「特定非営利活動事業」）のために支出した金額
　　　（事実を隠蔽し又は仮装して経理することにより支出した金額を除く。）について寄附金の額とみ
　　　なして，寄附金の損金算入限度額の範囲内で損金算入
（注3）平成24年4月1日から令和5年3月31日までの間に開始する各事業年度に適用される税率
（注4）特定公益増進法人に対する寄附金については，一般寄附金の損金算入限度額とは別に，特別損金
　　　算入限度額まで損金算入　一般寄附金の損金算入限度額：（資本金等の額（注5）の0.25％＋所得
　　　金額の2.5％）×1／4　特別損金算入限度額：（資本金等の額（注5）の0.375％＋所得金額の
　　　6.25％）×1／2
（注5）令和4年4月1日以後開始する事業年度においては，資本金及び資本準備金の額

　しかし，日本国憲法第20条は，「信教の自由は，何人に対してもこれを保証
する。いかなる宗教団体も，国から特権を受け，又は政治上の権力を行使して
はならない」と規定しているため，非課税措置は国からの特権を与えられるこ
とであり憲法の精神に抵触しているという批判もある。つまり，政教分離原則
に拠れば，宗教法人に対する非課税措置は特定の宗教法人を支援することなり，
憲法との整合性が問われる。実際には，宗教法人を含む公益法人等の収益事業
課税は，収益事業の是非について線引きすることが難しい。代表的な判例とし
ては，名古屋地裁平成17（2005）年3月24日判決（平成16年（行ウ）第4号，
法人税額決定処分等取消請求事件）が挙げられるが，本件は，宗教法人が教義
にもとづいて宗教活動の一環として執り行った行為が収益事業にあたるとみな
された点で注目を浴びた判例である。

　また，宗教法人は，脱税行為が発生しやすい団体であると評される。例えば，
九州北部の宗教法人は，図表6-21に示すように，福岡国税局から令和3
（2021）年1月までの5年間で計約1億3,200万円の源泉徴収漏れを指摘され，
重加算税などを含め約5,600万円を追徴課税された。本件では，法人代表の宮
司が，賽銭やお守り販売等の収入，駐車場経営の収入の一部を生活費等に充て
ていた。そのため，福岡国税局は，宗教法人の流用部分が法人代表の宮司の給
与に該当すると指摘したが，源泉所得税も過少に申告されていたのである。

②　欠損金繰越控除が生み出す赤字会社

　法人税法は，課税年度独立の原則（事業年度独立の原則）に基づき，人為的
に事業年度ごとに期間を区切って課税所得を算定する（資料参照）。そのため，

【図表6-21】福岡国税局が指摘した宗教法人を巡る約1.3億円の源泉徴収漏れの構図

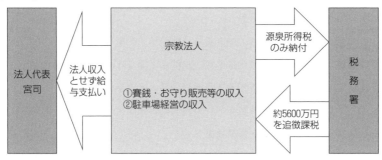

（出所）讀賣新聞オンライン（2023年5月3日）

　欠損金は，各事業年度の課税所得の計算に影響を与えてはいけない。つまり，前事業年度の繰越欠損金が当該事業年度の課税所得の計算に影響を与えることは認められない。しかし，課税年度独立の原則を遵守しすぎることは法人税負担が重くなりすぎ健全な企業経営の発展を脅かす恐れがあるという理由から「別段の定め」を設け，ある事業年度に生じた欠損金を翌事業年度以降に繰り越すことを容認している。例えば，中小法人等（資本金１億円以下の法人）には，欠損金の繰越が認められているが，中小法人等以外（資本金１億円超の法人又は資本５億円以上の法人の完全支配関係にある法人等）の大企業には，図表6-22に示すような損金算入額に上限が設けられている。

　一方，繰越欠損金は，税務申告により欠損会社として認められる赤字法人を生み出している。実際に，「欠損法人（全法人の４分の３）のうち４割程度の法人に当期利益が発生したものの繰越欠損金の控除により所得がゼロになったとの試算が示された。特に，中小法人は大法人が繰越欠損金の控除が認められる所得に制限が設けられているのに対し所得全額の控除が可能となっており，大法人に比べて優遇されているため制度上，赤字法人化しやすい」[21]のである。すなわち，欠損金繰越控除と赤字法人の増加は相関関係を有しており，欠損金繰越控除が赤字法人を増加させ納税意欲の高い法人の納税意識を減退させ健全な企業経営を侵害している可能性があると推測できる。そのため，欠損金繰越控除を「無制限」や「20年」等の長期にわたり設定している国もあるが，新たな国防財源の確保のためには見直しが求められるのである。

　なお，諸外国の繰越期間は，図表6-23に示すような期間である。

【図表6-22】中小法人等以外の法人の各事業年度における損金算入額の控除額

区分	控除限度額の率
平成24年4月1日から平成27年3月31日開始事業年度	100分の80
平成27年4月1日から平成28年3月31日開始事業年度	100分の65
平成28年4月1日から平成29年3月31日開始事業年度	100分の60
平成29年4月1日から平成30年3月31日開始事業年度	100分の55
平成30年4月1日から開始事業年度	100分の50

（注）中小法人等とは，普通法人（投資法人，特定目的会社および受託法人を除く）の
　　　うち，資本金の額もしくは出資金の額が1億円以下であるもの（100パーセント
　　　子法人等及び大通算法人を除く。）または資本もしくは出資を有しないもの，公
　　　益法人等，協同組合等，人格のない社団等をいう。
（出所）国税庁 No.5762「青色申告書を提出した事業年度の欠損金の繰越控除」

【図表6-23】諸外国の繰越期間

繰越期間	国名
無制限	英国・アイルランド・ベルギー・ルクセンブルク・スウェーデン・デンマーク・ノルウェー・オーストラリア・ニュージーランド・シンガポール・ドイツ・フランス・イタリア　他
20年	米国・カナダ
18年	スペイン
12年	ポルトガル
10年	日本・韓国・台湾
7年	スイス
5年	中国

（出所）みずほ総合研究所「法人税改革の評価と今後の課題」（2015年）

　また，法人税の申告は，図表6-24に示すような割合であるが，この数値には
人為的な可能性も指摘されている。例えば，平成8（1996）年11月の税制調査
会の法人課税小委員会報告では，「赤字法人のなかには，企業経営者による私
的経費が法人経費可されているケースもある」と指摘されている。例えば，人
件費，交通費，寄附金，複利厚生費は，経営者が自己の意思で増やしたり減ら

【図表6-24】法人税の申告割合

区分	令和2		令和3	
	件数等	前年対比	件数等	前年対比
申告件数	3,010千件	102.0%	3,065千件	101.8%
申告割合	91.4%	0.3ポイント	91.9%	0.5ポイント
黒字申告件数	1,053千件	101.0%	1,093千件	103.8%
黒字申告割合	35.0%	▲0.3ポイント	35.7%	0.7ポイント
申告所得金額	701,301億円	107.9%	794,790億円	113.3%
黒字申告1件当たり所得金額	66,628千円	106.8%	72,732千円	109.2%
申告欠損金額	237,219千円	160.1%	168,427千円	71.0%
赤字申告1件当たり欠損金額	12,121千円	1,560.1%	8,539千円	70.5%

（出所）国税庁，「令和3事務年度　法人税等の申告（課税）事績の概要」（2022年10月）

したりすることができる経費であり，最終的に税引前の利益調整に用いることができる性質のものであるという見解もある[22]。仮に，人為的操作がなされずに利益が生まれない場合であっても，一度，役員報酬として支払った金額が経営者からの借入金として計上されているケースもある。特に，法人税の逃税行為はオーナー経営の同族会社に窺える。そのため，新たな安全保障の財源確保のためには，赤字法人に対する法人税の課税問題について検討するべきである。

③　連結納税制度の問題点とグループ通算制度の導入

　グループ通算制度とは，図表6-25に示すように，連結納税制度にあった損益通算の仕組みを保持しながらも，法人税額の計算から申告・納税までの一連の手続きを企業グループ内に所属する企業が個別に行う制度である。

　経済産業省は，グループ通算制度について，「連結納税制度では，企業グループを一つの法人として捉え，親法人が子法人から財務データを収集して一つの申告書にまとめて法人税の申告・納税を行うルールであった。連結納税制度は，企業グループ全体で損益通算ができるとはいえ，全体計算項目が多いために修正が発生した場合に事務負担が多くかかることが長く問題視されていた。

【図表6-25】連結農政制度からグループ通算制度

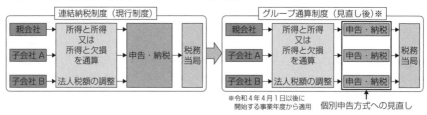

（出所）経済産業省「令和 2 年度　経済産業関係　税制改正について」

　そのため，令和 2 年（2022）度税制改正により，連結納税制度を廃止する代わりに，完全支配関係にある企業グループ内の各企業を納税単位として，より業務を簡素化できるよう『グループ通算制度』が創設された」と説明する。

　また，グループ通算制度では，電子申告が義務化されたが，電子申告の義務化により正確な決算データが迅速に課税庁に伝達され，不透明な数値を見つけることも容易になるため脱税を防ぐ効果も生み出し，健全な決算と納税が安全保障のための国防財源を生み出す可能性を有する。

（3）多国籍企業における租税回避問題の分析

① 外国子会社合算税制を巡る訴訟の動向

　東京国税局は，「親会社が租税回避地（タックスヘイブン）の英領ケイマン諸島に複数の特別目的会社（SPC）を設立し優先出資証券を発行することにより投資家から約3,600億円を集めたスキームに対して，外国子会社合算税制（タックスヘイブン対策税制）を適用して2016年 3 月期の利益約84億円の申告漏れを指摘し，過少申告加算税を含む約20億円の追徴課税を行った」のである。

　本件では，「英領ケイマン諸島に設立した SPC の利益が親会社に帰属しないと判断し，親会社が課税所得 0 円で税務申告したため，追徴課税した東京国税局に対して，租税回避地を巡る課税処分の取り消しを求め訴訟した」のである。

　日本では，外国子会社合算税制（タックスヘイブン対策税制）に拠り，内国法人等が，実質的活動を伴わない外国子会社等を利用することにより，日本の税負担を軽減・回避する行為に対処するため，図表6-26に示すように，外国子会社がペーパー・カンパニー等である場合，又は，経済活動基準（注）のいずれかを満たさない場合には，その外国子会社等の所得に相当する金額について

【図表6-26】 経済活動基準

> （注）
> ① 事業基準（主たる事業が株式の保有等，一定の事業でないこと）
> ② 実体基準（本店所在地国に主たる事業に必要な事務所等を有すること）
> ③ 管理支配基準（本店所在地国において事業の管理，支配及び運営を自ら行って
> いること）
> ④ 次のいずれかの基準
> （1）所在地国基準（主として本店所在地国で主たる事業を行っていること）
> ※ 下記以外の業種に適用
> （2）非関連者基準（主として関連者以外の者と取引を行っていること）
> ※ 卸売業，銀行業，信託業，金融商品取引業，保険業，水運業，
> 航空運送業，航空機貸付業の場合に適用

（出所）財務省「外国子会社合算税制の概要」参照。

内国法人等の所得とみなし，それを合算して課税する。本件では，一審におい
て「適用要件を満たす場合には，租税回避の目的や実態の有無にかかわらず適
用されるべきである」と判断したが，二審では「租税回避の目的や回避の実態
も発生しておらず形式的な適用は税制の趣旨や理念に反する」と判断した。そ
して，最高裁は，「他社の税務戦略にも影響を与える可能性があり日本国内か
らの資金流失の恐れもある」と判決したのである。

② 移転価格税制を巡る令和元年度税制改正

国税庁編，『移転価格ガイドブック～自発的な税務コンプライアンスの維
持・向上に向けて～』（2017年6月）に拠れば，「移転価格税制とは，法人と国
外関連者（その法人との間に50％以上の株式の保有関係等の特殊の関係のある
外国法人をいいます。）との間の取引（以下「国外関連取引」といいます。）を
独立企業間価格と異なる価格で行ったことにより，その法人の所得が減少する
場合に，その取引が独立企業間価格で行われたものとみなして法人税の課税所
得を計算する制度（措置法第66条の4第1項，措置法第68条の88第1項）です。
国外関連取引を通じた所得の海外移転に対処することにより適正な国際課税を
実現することを目的として，我が国では，昭和61（1986）年に導入されました。
移転価格分野については，経済協力開発機構（OECD：Organisation for
Economic Cooperation and Development）租税委員会で，国税庁を含む各国
の税務当局間の参画（議題等に応じ，各国の制度当局と執行当局〈税制の実施

部局〉が会議に出席し，議論が行われています。）により，移転価格分野に関する国際的な基盤を構築すべく議論が進められており，我が国の制度における独立企業間価格の算定方法は，OECD 移転価格ガイドラインで認められた方法に沿ったものであるなど，我が国の移転価格税制は，諸外国との共通の基盤に立って整備されたものとなっています。」と説明される。

　令和元（2019）年度税制改正では，移転価格税制について，「無形資産の定義を明確にして無形資産取引に係る価格調整措置を講じること，独立企業間価格の算定方法においてディスカウント・キャッシュ・フロー（DCF 法）を導入することが決定された」が，移転価格税制とは，国内企業が国外の関連会社（親子関係にある会社等）との取引を行う場合の設定価格（以下，「移転価格」とする）を第三者との間における通常の取引価格（以下，「独立企業間価格」とする）とは異なる価格に設定し，その所得が減少したならば当該取引価格を独立企業間価格に訂正して法人税の計算を行う税制のことである。例えば，日本国内の親会社が外国にある子会社に対して独立企業間価格よりも低額の移転価格で輸出した際に外国の子会社の所得が増大したならば，国内の親会社の申告所得を独立企業間価格に基づいて再計算することになるが，企業の行きすぎた租税回避を防ぎ国家財政の安定化のためには重要な税制である。

③　過少資本税制の適用を巡る最高裁判決の検証

　令和4（2022）年4月21日，最高裁（第1小法廷　岡正晶裁判長）では，デット・プッシュ・ダウン方式（経済的負担をグループ企業内の資本関係のある子会社に負わせること）の買収方法を巡る経済的合理性が問われた。つまり，本件では，事業の継続が多額の負債（約866億円）に対する犠牲（巨額の支払利子）のうえに成立しているのにも関わらず，約181億円の損金を計上することに経済的合理性が認められないと判断されたのである。過少資本税制は，財務省『過少資本税制の概要』に拠れば，図表6-27に示すように，「1. 企業が海外の関連企業から資金を調達するのに際し，出資（関連企業への配当は損金算入できない）を少なくし，貸付け（関連企業への支払利子は損金算入できる）を多くすれば，わが国での税負担を軽減することができる。2. 過少資本税制は，海外の関連企業との間において，出資に代えて貸付けを多くすることによる租税回避を防止するため，外国親会社等の資本持分の一定倍率（原則として3倍）を超える負債の平均残高に対応する支払利子の損金算入を認めないことと

【図表6-27】過少資本税制の概要

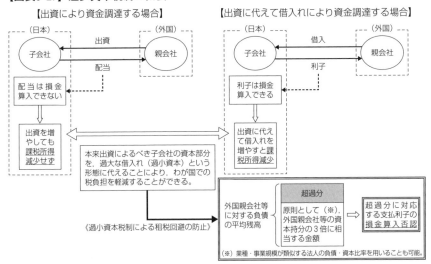

（出所）財務省「過少資本税制の概要」及び藤井大輔・木原大策編著,『日本の税制』（財経詳報社, 2021年）参照。

する制度である」と説明される。すなわち, 過少資本税制は, 企業グループが, 過少資本を利用して国際的な租税回避を防止するための制度であり, 法人の海外関係会社に対する負債が, 原則として, 海外関連会社の保有する当該法人の自己資本持分の３倍を超える借入に対する支払利子は損金算入を認めないのである。しかし, 本判決が認められたことにより, 今後, 本方式が企業の租税回避に活用されたならば, 国家財政（歳入）に影響を与える可能性がある。

　また, 本件では, 令和元（2019）年に改正された過大支払利子税制との関係も検討するべきである。なぜならば, 過大支払利子税制では, 一定額を超える支払利子の損金算入を容認していないからである。過大支払利子制度とは, 所得に対して過大な支払利子を発生させることによる租税回避を防止した税制のことであり, 調整所得金額の20％を超える部分については損金算入が認められない。

④　租税条約交換協定とトリーティーショッピング

　日本の税務当局による調査権限の範囲は日本国内に留まり, 海外に所在する税務情報を収集することができないため, 図表6-28に示すように, 租税条約を

締結し情報交換することが求められる。国税庁の租税条約等に基づく情報交換には，①要請に基づく情報交換，②自発的情報交換，③自動的情報交換の3類型が存在する。第1に，要請に基づく情報交換とは，「個別の納税者に対する調査において，国内で入手できる情報だけでは事実関係を十分に解明できない場合に，必要な情報の収集・提供を外国税務当局に要請する」ものであり，第2に，自発的情報交換とは，「国際協力等の観点から，自国の納税者に対する調査等の際に入手した情報で外国税務当局にとって有益と認められる情報を外国に対して自発的に提供する」ものであり，第3に，自動的情報交換とは，「法定調書から把握した非居住者等への支払等（利子，配当，不動産賃貸料，無形資産の使用料，給与・報酬，株式の譲受対価等）についての情報を，支払国の税務得局から受領国の税務当局へ一括して送付する」ものである。

　しかし，トリーティーショッピング（条約漁り）という国際的租税回避問題

【図表6-28】日本の租税条約ネットワーク

《84条約等，153か国・地域適用／2023年7月1日現在》(注1) (注2)

（注1）税務行政執行共助条約が多数国間条約であること，及び，旧ソ連・旧チェコスロバキアとの条約が複数国へ承継されていることから，条約等の数と国・地域数が一致しない。

（注2）条約等の数及び国・地域数の内訳は以下のとおり。
　　　　• 租税条約（二重課税の除去並びに脱税及び租税回避の防止を主たる内容とする条約）：71本，79か国・地域

（出所）財務省。

【図表6-29】トリーティーショッピング

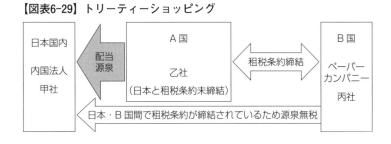

も発生している。トリーティーショッピングとは，租税条約を乱用して本来で
あればその特典の恩恵を受けることができない法人（その租税条約締結国以外
の第三国の居住者）がペーパーカンパニーを設立して特典を受けることである。
例えば，図表6-29に示すように，内国法人の甲社が，日本との間で租税条約を
締結していないA国内法人の乙社から配当を受ける場合には源泉税が課税され
る。しかし，A国との間で租税条約が締結され源泉税が免除になるB国内にペー
パーカンパニー丙社を設立し，日本とB国との間で租税条約を締結されれば，
B国内の丙社を介するすることによりA国からの配当を源泉無税で受け取れる。
近年，国際金融取引の増加に伴い国際間で移動する源泉所得税の金額も膨大な
ものに成長しており，トリーティーショッピングにより生じる国際的租税回避
金額も増大しているのである。

（4）財産評価基本通達総則6項の適用基準の明確化

　国税庁は，令和4（2022）年7月1日に，財産評価基本通達総則6項（以下，
「総則6項」とする）の適用について全国税局に指示を出したが，これは，令和
4（2022）年4月19日の最高裁判所第三小法廷における相続税の評価方法を巡
る「総則6項」の適用を受けた対応である。

　従来，総則6項では，「この通達の定めによって評価することが著しく不適
当と認められる財産の価額は，国税庁長官の指示を受けて評価する」と規定す
るが，「著しく不適当」の基準が必ずしも明確でなかったので明確化した。つ
まり，通達評価額と不動産鑑定評価（土地のケース）や企業価値評価（非上場
株式のケース）の間に3倍以上の乖離があると「著しく不適当」と判断され，
総則6項が適用されることになる。

【図表6-30】類似業種比準方式の計算式

$$A \times \left[\frac{\dfrac{Ⓑ}{B} + \dfrac{Ⓒ}{C} + \dfrac{Ⓓ}{D}}{3} \right] \times 0.7$$

（１）上記算式中の「A」，「Ⓑ」，「Ⓒ」，「Ⓓ」，「B」，「C」及び「D」は，それぞれ次による。

「A」＝類似業種の株価

「Ⓑ」＝評価会社の１株当たりの配当金額

「Ⓒ」＝評価会社の１株当たりの利益金額

「Ⓓ」＝評価会社の１株当たりの純資産価額（帳簿価額によって計算した金額）

「B」＝課税時期の属する年の類似業種の１株当たりの配当金額

「C」＝課税時期の属する年の類似業種の１株当たりの年利益金額

「D」＝課税時期の属する年の類似業種の１株当たりの純資産価額（帳簿価額によって計算した金額）

（注）　類似業種比準価額の計算に当たっては，Ⓑ，Ⓒ及びⓄの金額は183《評価会社の１株当たりの配当金額等の計算》により１株当たりの資本金等の額を50円とした場合の金額として計算することに留意する。

（２）　上記算式中の「0.7」は，178《取引相場のない株式の評価上の区分》に定める中会社の株式を評価する場合には「0.6」，同項に定める小会社の株式を評価する場合には「0.5」とする。

（出所）国税庁ホームページ参照。

　過去に，創業家の遺産相続時の株式評価において国税庁が申告漏れを指摘して追徴課税したことがある。例えば，上場企業の創業家が，百数十億円分の同社株式を非上場会社（創業家の資産管理会社）に現物出資し，創業家社長の死後に，非上場会社の取引相場のない株式（以下，「取引相場のない株式」とする）として算定し相続税の申告を行った。取引相場のない株式は，公開されている上場会社の株式とは異なり自ら計算しなければならず，図表6-30に示すように，類似業種比準方式を用いて20億円と算定した。しかし，東京国税局は，当該取引相場のない株式を110億円と再評価し約90億円の相続税の申告漏れを指摘したのである。

　本件では，通達評価額と企業価値評価との間に約５倍以上の乖離があるため，創業家の遺産相続は，上場株式を事実上相続しながらも，それを十分に遺産相

続の計算に含めないのは，仮に合法的な節税対策であっても「著しく不適当」であると判断され，国税庁が国税庁長官の指示を受けて評価し直したのである。既述のように，総則6項の適用基準・明確化は，逃税行為を禁じることにより新たな財源確保を可能とした。

小　括

　本章では，まず，現代の国家財政と地方財政の課題を分析することを目的として，プライマリーバランスと防衛・安全保障，社会保障：こども・子育て政策の問題，及び地方交付税における不交付団体の増加について検証し，次いで，安全保障上の防衛財源の確保を目的とした，現代の国防策と防衛費の財政負担，税制改革による防衛財源の創出可能性について，消費税，法人税，多国籍企業の租税回避問題を中心に検討した。なぜならば，現代日本は，ロシア・ウクライナ戦争が勃発し台湾危機が迫るなか，日本の安全保障の危機が叫ばれているからである。

　日本（外務省）は，『尖閣諸島についての基本見解』に拠り，「尖閣諸島は，明治28（1895）年1月14日に標杭を建設する旨の閣議決定を行っている」と主張する。明治28（1895）年は日清戦争の翌年にあたり，日本と清国との軍事的バランスが大きく崩れた時期でもあるため，この軍事的バランス崩壊の間隙をついて尖閣諸島における日本側の領土支配が行われたと考えられる。

　つまり，日本政府は，尖閣諸島の領土化は，日清戦争の勝利に基づいた「先占の法理（無主地先占）」の手続きを踏んだ国際法上の正当な行為であると主張する。一方，中国は，日本政府の先占の法理の手続きに対しては，海外に対しての通告が行われていないことを事由として無効であると主張する。しかし，中国は，アジア太平洋戦争終了時点において尖閣諸島問題を日本国に対して提起することなく，昭和46（1971）年になり尖閣諸島の領有を主張し始めている。そのため，中国の対応に対しては問題点を指摘できるが，既述のように領土を巡る国家間の問題は一朝一夕に解決できる性質のものではないため，当事国間で慎重な協議を重ねることが求められ，竹島及び尖閣諸島の領有を巡る周辺諸国とのトラブルは，日本政府に対して「国防」の在り方を再認識させる契機になった。そして，岸田文雄内閣が「新防衛3文書」を閣議決定したが，この閣

議決定は，防衛費の増額という新たな問題を生み出した。

　安倍晋三元総理大臣は，防衛費の増額について「道路や橋を造る予算には建設国債が認められている。防衛予算は消耗費と言われているが間違いだ。まさに次の世代に祖国を残していく予算だ」として建設国債の活用を提起したが，この安倍発言を受けて，萩生田光一自由民主党政調会長は，「場合によっては，国債償還の60年ルールを見直して，償還費をまわすことも検討に値する」と発言した[23]。

　現在，国債は，「60年償還ルール」を採用しているが，60年償還ルールの見直しは，防衛費財源確保における一つの方策である[24]。しかし，政府与党の自由民主党内にも，60年償還ルールの見直しについての慎重な見解も存在する。また，防衛費の増額については，赤字国債で対応するべきであるという見解も存在するが，「令和4（2022）年度末における普通国債残高が1,029兆円，債務残高のGDP比は2.6倍と米国の2倍近い水準にまで悪化している」[25]という財政状況を鑑みたならば，赤字国債の発行は必ずしも有効な方策であるとはいえない。しかし，防衛費の増額という財政負担のための費用に国債を充てることが難しいのであれば，消費税等の増税を検討しなければならない。例えば，財務省の推計では，現在の免税事業者のうちインボイスの発行に伴い，新規に課税事業者として認定される個人及び法人数は，両者合せて161万者になると推計され，1者あたり平均15.4万円の消費税納税が必要になり，合計2,480億円の増税になると試算される[26]。

　一方，財務省の『法人企業統計』の発表に拠れば，2021年度の企業内部留保は，金融及び保険業を除く全業種で500兆円を超えているが，日本共産党は，「大企業の内部留保に注目して内部留保金への適正課税を提案している。例えば，資本金10億円以上の大企業が12年以降に増やした内部留保額に対して，毎年2％，5年間で合計10％の時限的課税するものであるが，このことで，毎年2兆円程度，総額で10兆円程度の財源が新たにできる」[27]のである。

　勿論，日本共産党の提言は，「税の不公平を改め，賃上げや気候変動対策などへの投資を促進させるための提案」であり，大企業優遇をやめ国民に還元することを求めたものであるが，この内部留保への適正課税提案は，赤字国債を発行することがない新たな財源の創出であり，日本国民の安全保障ための「防衛費の増額」においても活用できる可能性を有する。

〔資料〕法人税の計算

　法人税の計算では，課税所得に法人税率を乗じて算出納付税額を算定するが，課税所得を算出するためには，収益と益金，費用と損金が一致しないため，【法人税申告書別表四】を用いて，企業利益（収益から費用を控除して算定する）と課税所得（益金から損金を控除して算定する）の調整を行う。例えば，損金不算入について説明する。

（例1）法人が支出する役員給与については，平成29（2017）年度税制改正により，平成29（2017）年4月1日以後に役員給与の支給に係わる決議が行われる役員給与の取り扱いは，定期同額給与・事前確定届出給与・一致の業績連動給与のいずれにも該当しない場合には，損金の額に算入されないことになった。但し，不相当に高額な部分の金額は損金の額に算入されない。

（例2）法人が支出する交際費については，資本金が1億円を超える法人について，その全額が損金不算入になるが，資本金が1億円以下の法人（中小法人）では，800万円を超える部分はその全額が損金不算入になる。但し，平成26（2014）年度税制改正では，飲食のための支出は50％が損金算入できることになった（大法人や中小法人を問わない）。そのため，中小法人は，800万円以内で交際費を損金算入するか，飲食のための支出の50％を損金算入するか選択できるのである。なお，令和2年税制改正では，資本金が100億円を超える法人については，その支出する交際費の全額を損金不算入となった。

（例3）法人が支出する寄附金については，中小法人は，特定の寄付金を除いて，一定の限度額を超える部分の金額は，損金の額に算入されないのである。

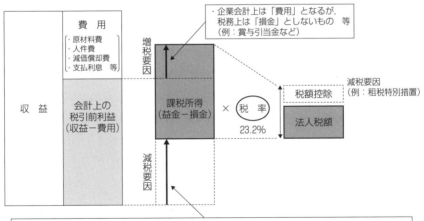

（出所）財務省「課税ベースの拡大」，「法人税の益金・損金の計算に関する資料」等参照。

所得の金額の計算に関する明細書（簡易様式）

| 事業年度 | ・ ・ ～ ・ ・ | 法人名 | | 別表四（簡易様式）令四・四・一以後終了事業年度分 |

区　　分		総　　額	処　　　　分	
		①	留　　保 ②	社　外　流　出 ③
当期利益又は当期欠損の額	1	円	円	配当　　　　　　円
				その他
加算	損金経理をした法人税及び地方法人税（附帯税を除く。）	2			
	損金経理をした道府県民税及び市町村民税	3			
	損金経理をした納税充当金	4			
	損金経理をした附帯税（利子税を除く。）、加算金、延滞金（延納分を除く。）及び過怠税	5			その他
	減価償却の償却超過額	6			
	役員給与の損金不算入額	7			その他
	交際費等の損金不算入額	8			その他
	通算法人に係る加算額（別表四付表「5」）	9			外※
		10			
	小　　　計	11			外※
減算	減価償却超過額の当期認容額	12			
	納税充当金から支出した事業税等の金額	13			
	受取配当等の益金不算入額（別表八（一）「13」又は「26」）	14			※
	外国子会社から受ける剰余金の配当等の益金不算入額（別表八（二）「26」）	15			※
	受贈益の益金不算入額	16			※
	適格現物分配に係る益金不算入額	17			※
	法人税等の中間納付額及び過誤納に係る還付金額	18			
	所得税額等及び欠損金の繰戻しによる還付金額等	19			※
	通算法人に係る減算額（別表四付表「10」）	20			※
		21			
	小　　　計	22			外※
仮　　　計 (1)+(11)-(22)	23			外※
対象純支払利子等の損金不算入額（別表十七（二の二）「29」又は「34」）	24			その他
超過利子額の損金算入額（別表十七（二の三）「10」）	25	△		※ △
仮　　計 (23)から(25)までの計	26			外※
寄附金の損金不算入額（別表十四（二）「24」又は「40」）	27			その他
法人税額から控除される所得税額（別表六（一）「6の③」）	29			その他
税額控除の対象となる外国法人税の額（別表六（二の二）「7」）	30			その他
分配時調整外国税相当額及び外国関係会社等に係る控除対象所得税額等相当額（別表六（五の二）「5の②」＋別表十七（三の六）「1」）	31			その他
合　　　計 (26)+(27)+(29)+(30)+(31)	34			外※
中間申告における繰戻しによる還付に係る災害損失欠損金額の益金算入額	37			※
非適格合併又は残余財産の全部分配等による移転資産等の譲渡利益額又は譲渡損失額	38			※
差　　引　　計 (34)+(37)+(38)	39			外※
更生欠損金又は民事再生等評価換えが行われる場合の再生等欠損金の損金算入額（別表七（三）「9」又は「21」）	40	△		※ △
通算対象欠損金額の損金算入額又は通算対象所得金額の益金算入額（別表七の二「5」又は「11」）	41			※
差　　引　　計 (39)+(40)±(41)	43			外※
欠損金又は災害損失金等の当期控除額（別表七（一）「4の計」＋別表七（四）「10」）	44	△		※ △
総　　　計 (43)+(44)	45			外※
残余財産の確定の日の属する事業年度に係る事業税及び特別法人事業税の損金算入額	51	△	△	
所　得　金　額　又　は　欠　損　金　額	52			外※

㊙

（出所）国税庁

　また，安全保障＝国防の強化を目的とした増税のためには国民の理解を求めることが大切であるが，「震災復興特別会計」に類似した防衛費増額を目的とした「防衛特別会計」の創設も検討するべきである。加えて，防衛費の財源確保のためには，国税庁による「税務調査」を強化するべきである。なぜならば，税制改革による増税よりも悪質な脱税を防いだ方が国民の理解を得やすいからである。そのため，本章では，防衛財源の確保を目的として，消費税のインボイス方式導入や法人税の行きすぎた国際的租税回避の防止に伴う新たな財源確保についても検討したのである。

注

（1）　日本経済新聞2022年12月13日参照。
（2）　日本経済新聞2022年12月 2 日参照。
（3）　森信茂樹稿，「防衛費，オールジャパンで現役世代が負担を」『税の交差点』第102回（2022年11月）参照。
（4）　米軍再編の動きについては，第 6 章第 2 節（4）（5）に詳しい。
（5）　関野満夫著，『日本の戦時財政　日中戦争・アジア太平洋戦争の財政分析』中央大学学術図書（102）（中央大学出版部，2021年）28ページ及び『昭和財政史』第 4 巻（臨時軍事費）11-13ページ参照。
（6）　関野　前掲書　29ページ及び「昭和財政史」第 4 巻（臨時軍事費）12・86ページ参照。
（7）　日本経済新聞社政治・外交グループ編著，『あなたと日本の防衛を考えたい』（2023年，日本経済新聞出版）191ページ。
（8）　同上　157ページ。
（9）　坂口大作稿，「在日米軍再編と日米相互依存関係への影響」『防衛研究所紀要』11（防衛省防衛研究所，2008年）20ページ。
（10）　Richard L. Armitage, Joseph S. Nye (2007), "*The U.S.-Japan Alliance:Getting Asia Right through 2020*", CSIS Report, February, p. 20.
（11）　http://www.jcp.or.jp/akahata/aik15/2016-01-10/2016011001_01_1.html
（12）　http://ryukyushimpo.jp/editorial/prentry —237144.html.
（13）　George F. kennan (1993), "*Around the Cragged Hill: A personal and Political Philosophy*", New York: W. W. Norton, p. 183.
（14）　Michael Mandelbaum (1981), "*The Nuclear Revolution: International Politices Befor and After Hiroshima*", Cambridge: Cambridge University Press, pp. 151-152
（15）　川上高司著，『米軍の前方展開と日米同盟』（同文舘出版，2004年）282-283ページに詳しい。
（16）　栗田真広稿，「同盟と抑止―集団的自衛権議論の前提として―」『レファレンス』平成27年 3 月号（国立国会図書館調査及び立法考査局，2015年）14ページ。
（17）　坂口　前掲論文32-33ページに詳しい。また，2016年 3 月26日，アメリカ大統領

（当時候補者）であるドナルド・トランプ（Donald Trump）は，米誌ニューヨークタイムズのインタビューにおいて，「米国は世界の警察官はできない。米国が国力衰退の道を進めば，日韓の核兵器の保有はあり得る」と述べている。

(18)　税制調査会編「わが国税制の現状と課題―21世紀に向けた国民の参加と選択（答申）」（2000年7月）及び佐藤　良稿，「インボイス方式導入をめぐる経緯と課題」『調査と情報』第949号（国立国会図書館調査および立法考査局）3ページ参照。

(19)　湖東京至稿，「政府・立法府にインボイス制度の廃止を求める―インボイス制度はなぜダメなのか―」『大東文化大学経営学部経営学会講演会シンポジウム論文集（2022年）』に詳しい。

(20)　同上7ページ。

(21)　伊田堅司稿，「中小企業をめぐる税制の現状と課題」『立法と調査』No. 381（参議院事務局企画調整室，2016年）121ページ。

(22)　金子　宏著，『租税法〔第11版〕』（弘文堂，2006年）17・33-34ページ参照。

(23)　NHKニュース「防衛費財源は増税？国債？渦巻く自民の党内論争」（2023年1月26日）参照。

(24)　例えば，新年度＝令和5年度予算案では，「債務償還費は16兆7000億円程度であり，仮に，償還期間をさらに20年延ばし，80年にすると償還費は12兆円余りとなり単年度では4兆円程度が圧縮される」のである。
　　　（出所）NHKニュース「防衛費財源は増税？国債？渦巻く自民の党内論争」（2023年1月26日）参照。

(25)　森信　前掲論文参照。

(26)　衆院財務金融委員会（2019年2月26日）での宮本徹衆院議員への財務省答弁。

(27)　日本共産党，「内部留保への課税」（2022年2月27日）参照。

参考文献

大平善悟著，『日本の安全保障と国際法』（有信堂，1959年）

小野圭司著，『いま本気で考えるための日本の防衛問題入門』（河出書房新社，2023年）

金子　宏著，『租税法〔第11版〕』（弘文堂，2006年）

川上高司著，『米軍の前方展開と日米同盟』（同文舘出版，2004年）

北野弘久著，黒川　功補提，『税法学原論〔第7版〕』（勁草書房，2016年）

湖東京至著，『消費税法の研究』（信山社出版，2000年）

関野満夫著，『日本の戦時財政　日中戦争・アジア太平洋戦争の財政分析』中央大学学術図書（102）（中央大学出版部，2021年）

高正臣著，『韓国税法の概要と争点』（税務経理協会。2009年）

周玉津著・三代川正一訳，『台湾税法概論』（税務経理協会，1989年）

税理士法人トーマツ編著，『アジア諸国の税法〈第8版〉』（中央経済社，2013年）

税理士法人トーマツ監修，勤業衆信会計師編・白井常介著，『台湾の投資・会計・税務』（税務経理協会，2007年）

髙沢修一著，『法人税法会計論（第3版）』（森山書店，2017年）

177

東京青山・青木・狛法律事務所編,『アジア・ビジネスの法務と税務』(中央経済社, 2011年)

日本経済新聞社政治・外交グループ編『あなたと日本の防衛を考えたい』(日系 BP, 2023年)

服部　聡著,『松岡洋右と日米開戦』(吉川弘文館, 2020年)

藤井大輔・木原大策編著,『図説日本の税制』(財経詳報社, 2022年)

村上由美子著,『武器としての人口減社会—国際比較統計でわかる日本の強さ』(光文社新書, 2016)

渡辺延志著,『虚妄の三国同盟』(岩波書店, 2013年)

防衛省『防衛白書』令和3年版・令和4年版

第7章 結 論

はじめに

　日本は，国際紛争や対外戦争に備えて国家の安寧を保つための自衛手段として国防力を整備してきた自主防衛国家であるが，明治維新以来，日清戦争・日露戦争が勃発した明治期，第一世界大戦・シベリア出兵と軍拡・軍縮が行われた大正期，日中戦争・アジア太平洋戦争や戦後復興期という安全保障上の分岐点を経て，現代は，東アジア地域の安定と平和を脅かす恐れのある台湾有事という新たな安全保障の危機を迎えている。

　また，安全保障は，軍事的防衛（以下，「国防」とする）よりも広い概念であるため定義を明らかにすることが難しいが，「国家が国家や国民を軍事的手段（国防）により紛争や戦争が起きないように国家が主体となって予防・対処する政策を表わす概念であり，それに関わる限りにおいて経済その他の分野が関連する」[(1)]と説明される。そして，日本は，明治期から多くの国際紛争や対外戦争に応じてきているが，国防を支えてきた存在が税制・財政である。よって，本章では，日本の安全保障と税制・財政について総括し提言したい。

第1節　総括：近現代日本の国防と税制・財政の関係

（1）日清戦争・日露戦争が勃発した明治期の税財政分析

　近現代における日本の最初の国策転換期は，鎖国から開国へと国策を転じ，日清戦争及び日露戦争が勃発した明治期であるが，日本政府は，殖産興業と富国強兵を国策に掲げ近代国家に脱皮することを目的として，豊凶や米価の変動に煩わされることのない恒常的な安定した税収である地租収入を全国から統一的・画一的に貨幣で確保するために地租改正を断行し，併せて酒税制度も整備したのである。地租改正は，特に画期的な大改革であり，地租改正によって明

治期の歳入は確定し，租税徴収が容易になり人民の負担はほぼ公平・画一となるのであるが，地租改正はその税率において徳川幕藩体制下の貢租額と殆ど変わらない高率で課税され，農民に過重な負担を担わせたため封建的物納貢租が単に金納納付に転形したにすぎないとして，地租改正の本質が近代的租税形態を備えているにもかかわらず，地租改正の本質を巡り日本資本主義論争が生まれた。

　しかし，明治期における租税収入の殆どを「地租」と「酒税」に依存するという財政内容は是正されるべきであった。例えば，地租の内国税に占める比率は，明治10（1877）年から明治40（1907）年にかけては，86％から35％まで減少したが，逆に，酒税の内国税に占める比率は，７％から33％にまで増加しており，明治30年代から明治40年代にかけては地租と酒税が政府の重要な財源として認識されていた。そして，日本は，日清戦争・日露戦争に突入するのであるが，日清戦争（明治27年～明治28年）は，日本の生命線とも称された朝鮮半島における支配権を賭けての戦いであった。

　日清戦争の勝利は，日本が帝国主義の一員であることを欧米列強に認めさせることになり，日清戦争に続く日露戦争（明治37年～明治38年）の勝利は，アジアの弱小国である日本がヨーロッパの大国であるロシアに勝利した歴史的事件であり，日露戦争以後の国策を決定づけた対外戦争であると評される。そして，日本政府は，日清戦争・日露戦争という二度の対外戦争を遂行するために「臨時軍事費特別会計」を創設し，戦費を内国債で賄おうと試みた。臨時軍事費特別会計とは，戦争遂行のための経費を一般会計から分離させて計上する特別会計のことであり，日清戦争における臨時軍事費特別会計の内訳は，歳出額２億48万円に対して，歳入額２億2,523万円と歳入額が歳出額を僅かに上回ることにより辛うじて財政破綻を免れたが，日清戦争勃発時の日本政府は，財政上の国際的信用を得るまでに至っていなかったため，海外の投資家から債権を集めることができず，日清戦争を遂行するのに必要な戦争資金の多くを内国債に依存したのである。しかし，日清戦争とは異なり，日露戦争のように戦争規模が巨大化すると内国債によって戦費調達することが難しくなった。そのため，真に国力を傾注した戦争であると評された日露戦争では，日本銀行副総裁の高橋是清をロンドンに派遣して「外国債」の募集を行わせたのであるが，その外債募集は容易なものではなかった。高橋がアメリカ在住のユダヤ人銀行家ジェ

イコブ・ヘンリー・シフ（Jacob H. Schiff）と出会い，外債募集に成功しなければ日露戦争の勝利はなかった。

　つまり，日露戦争時の戦時財政は破綻しており長期的な戦争遂行は難しかった。そして，日露戦争では日清戦争と異なり賠償金を得ることができなかったため，戦後の財政状態も厳しいものになったのである。

　また，日本政府は，国防上及び財政上の理由から琉球国を処分して沖縄県を設置して台湾を領有し，朝鮮半島及び満州における権益を拡大するが，世界的な帝国主義の下，植民地経営することは安全保障面ばかりでなく財政面からも魅力的な国策であった。つまり，韓国併合は，北進論を国防策に掲げる日本安全保障策にも合致しており，日本は，明治28（1895）年に日清戦争に勝利して日清講和条約の締結により清朝から台湾を割譲され，昭和20（1945）年に中華民国に返還されるまでの約50年間にわたり台湾を支配した。さらに，日本は，明治42（1909）年に第一次日韓協約を締結し，明治43（1910）年に第二次日韓協約が締結されたことに伴い韓国を併合するのである。

（2） シベリア出兵と軍拡・軍縮が行われた大正期の税財政分析

　シベリア出兵が行われた大正期は，明治期や昭和期に比べると天皇の在位期間は短いが，シベリア出兵が実施され軍拡・軍縮が行われた国防上の特異性を有する時期でもある。日本は，日英同盟を拠りどころとして大正3（1914）年8月23日に，ドイツに宣戦布告して第一次世界大戦に参戦し，山東半島のドイツ租借地を攻撃し青島要塞を陥落させドイツ領の北太平洋諸島（マーシャル・マリアナ・パラオ・カロリン）を占領した。そして，日本は，大正4（1915）年1月に袁世凱政府に対して，二十一カ条の要求を突きつけ南満州の権益拡大を狙ったがアメリカ国内の反日感情を昂じさせた。その後，日本は，連合国の一員として大正7年（1918）年にシベリアに出兵したが，第一次世界大戦・シベリア出兵の軍費が重いため，特別会計を設定し軍費を賄った。つまり，日本は，臨時軍事費特別会計と特別税・軍事国債が存在しなければ，第一次世界大戦・シベリア出兵を戦うことができなかったのである。

　臨時軍事費特別会計は，軍事に関する陸海軍の軍事行動に対応するために設けられた特別会計であるため，他省所管の関係費とは区別すべきものであり，陸軍臨時軍事費，海軍臨時軍事費，予備費の三項目で構成され戦争終結までを

1会計年度とするが，その特徴としては，「軍事資金の運用を容易にするために，支出における自由裁量権が大きく認められており，会計検査院の検査も寛容な予算システムである」と説明される。つまり，臨時軍事費特別会計は，臨時軍事費の支出における自由裁量面が強く働き，支出に対する会計検査院の検査も厳しくないため，軍事費を自由に使用することができる便利な予算として認識されたのであるが，軍部の自由裁量を許した要因としては，軍事費の増大に歯止めをかけることができた元老の発言力の低下に伴う軍部発言力の強大化が考えられる。

　また，シベリア出兵時の臨時軍事費特別会計に対しては批判もある。例えば，シベリア撤兵後に計上されている被服費及び兵器機費等は臨時軍事費特別会計で処理されており，ハバロフスクの銀行で入手した約100万ルーブルの金塊が行方不明になり未精算軍票だけが残存している。しかし，臨時軍事費特別会計が第一次世界大戦・シベリア出兵時の戦時財政において果たした役割の大きさについては否定できないのも事実である。

（3）　日中戦争・太平洋戦争及び戦後の復興期の税財政分析

　日中戦争・太平洋戦争の発端となったのは昭和恐慌であるが，昭和恐慌とは，昭和2（1927）年の金融恐慌や昭和4（1929）年の世界恐慌を受けて，昭和5（1930）年から昭和6（1931）年の間に発生した恐慌のことであり，第一次世界大戦後の不良債権の処理と金融システムの再編の引き金となった。大戦（特需）景気後の不況下に成立した第一次若槻礼次郎内閣は，金本位制を復活させ台湾銀行及び鈴木商店の経営不振を背景に発生した取り付け騒ぎを鎮静化するために「日銀特融実施のための緊急勅令案」を枢密院に諮問する。しかし，同案は枢密院で拒否され第一次若槻内閣は総辞職を余儀なくされ，若槻内閣の総辞職後を受けて誕生した田中義一内閣において支払猶予令（モラトリアム）が実施される。その後，軍部の発言力は益々高まり，昭和16（1941）年にアジア太平洋戦争に突入する。また，昭和期は，昭和金融恐慌が日本経済に打撃を与えただけでなく，ABCD包囲網（アメリカ（A），ブリテイン英国（B），チャイナ（C），ダッチ＝オランダ（D）の頭文字をとった4カ国による日本に対する経済包囲網）のなか開戦に踏み切らざる負えず安全保障が不安定な時代であった。

　また，昭和期の財政として特筆すべきは，高橋是清の積極財政である。高橋は，2.26事件で暗殺されるまでの昭和6（1931）年から昭和11（1936）年の約4年間にわたり，犬養　毅，斎藤　実，岡田啓介の下で大蔵大臣を務めたが，財政再建と満州事変の戦費調達を目的として「金輸出を再禁止すると共に金本位制を停止して事実上の管理通貨制度に移行する」ことにより金流出に伴うデフレ効果を防ぎ円安を実現した。

　つまり，高橋は，前任者である井上準之助大蔵大臣が主導した「金本位制を重視し物価の引き下げを実現する」という緊縮財政を否定し，「金本位制から離脱して通貨量を増やすと共に赤字国債を発行し財政支出を拡大する」という積極財政を展開したのである。そして，公定歩合の引き下げ効果が現れ，為替相場も好転したことに伴い輸出額が増加し株価も上昇した。その後，日本は，景気の後退を防ぐと共に大東亜共栄圏構想を掲げて，日中戦争・アジア太平洋戦争に参戦するが，戦争を支えた存在が臨時軍事費特別会計と支那事変特別税であった。財政上，臨時軍事費特別会計は，日清戦争期（1894年〜1895年），日露戦争期（1904年〜1905年），第一次世界大戦・シベリア出兵期（1914年〜1925年），日中戦争・アジア太平洋戦争期（1937年〜1945年）と4回実施されているが，日中戦争・アジア太平洋戦争期（1,554億円）の臨時軍事費特別会計の歳出決算額は，日清戦争期（2.0億円），日露戦争期（15.1億円），第一次世界大戦・シベリア出兵期（88億円）に比べると極めて大きい。そして，昭和20（1945）年8月14日，日本は，連合国に対してポツダム宣言を受諾し連合国に無条件降伏し終戦を迎える。

　しかし，敗戦国となった日本の戦後の復興は驚異的なものであった。戦後は，GHQ（General Headquarters/連合国軍総司令部）の管理下で，経済安定9原則やドッジ・ライン（Dodge Line）の経済安定化政策が実施されドッジ不況を経て，戦後の日本経済は朝鮮特需を契機に急速に回復するが，サンフランシスコ平和（講和）条約調印を経て朝鮮戦争終結後，景気停滞と景気拡大を相互に繰りかえすことになる。

　また，吉田　茂内閣総理大臣は，池田・ロバートソン会談を受けて，昭和29（1954）7月1日に自衛隊法を施行した。その結果，保安隊を陸上自衛隊や海上自衛隊に改組し，保安庁が防衛庁に改組され航空自衛隊が新設され，米国との間で日米安全保障条約（以下，「日米安保条約」とする）を締結した。そして，

昭和35（1960）年1月19日，岸　信介総理大臣は，昭和26（1951）年に締結された日米安保の不平等性の解消を目指して，新日米安保条約に調印した。その後，昭和44（1969）年11月の佐藤＝ニクソンによる日米首脳会談を経て佐藤内閣により昭和46（1971）年6月に沖縄返還協定が調印され，昭和47（1972）年5月15日に，「核抜き，本土並み，72年返還」の基本方針の下，沖縄が日本に返還されたのである。新日米安保条約調印に際しても安保闘争が生起したが，沖縄返還に際してもアメリカ軍が嘉手納基地を継続使用したため反対運動が生起している。しかし，台湾有事の国際紛争の危機が叫ばれるなか，日本の安全保障において新日米安保条約締結や沖縄米軍基地が果たしている役割は評価されるべきである。そして，所得倍増計画では，昭和36（1961）年4月期から10年間で実質国民総生産を26兆円にまで倍増させ，社会保障の実現や社会資本の充実を目標とし，高度経済成長を支える人材の育成を目的に工業・科学技術の新興や教育にも力を注いだ。その結果，所得倍増計画は，史上最高値の株価を打ち出し，経済成長の大転換期を演出した政策であると評価される。一方，田中角栄内閣が昭和47（1972）年6月11日に発表した政策綱領は，日本列島改造論と称され日本国内に列島改造ブームが生んだが，不動産の高騰による地価の上昇や物価高によるインフレーションを巻き起こし社会問題化し，第四次中東戦争が勃発するとオイルショックが生起し狂乱物価と呼ばれるほど経済が混乱した。つまり，昭和期に政府与党により実施された所得倍増計画と日本列島改造論は評価が分かれるのである。

　また，戦後復興に歩調を合せるかのようにして税制が整備される。つまり，昭和24（1949）年に来日したシャウプ（C. S. Shoup）使節団により戦後税制が整備される。昭和24（1949）年，日本における長期的及び安定的な税制及び税務行政の確立を目的としてシャウプが来日する。シャウプは，シャウプ使節団日本税制報告書（Report on Japanese Taxation by the Shoup Mission, vol. 1～4, 1949, 以下，「シャウプ勧告」とする）を発表するが，シャウプ勧告とは，近代的な税制の構築を目的とし直接税を中核とする税制改革案のことであり，日本の税制に多大な影響を与えた税制である。

　また，戦後財政は，税制度の整備を行ったにもかかわらず，税収不足に陥り公共事業費及び出資金等の財源補塡を目的として建設国債（4項公債）が発行され，昭和40（1965）年度の補正予算において1年限りの特例公債法に基づい

て特例国債（以下,「赤字国債」とする）が発行され, その後, 赤字国債の発行
は恒久化するのである。

　すなわち, 昭和期は, 大東亜共栄圏構想に基づきアジア諸国の独立運動を推
し進めた時期であるが, 日中戦争・太平洋戦争を戦った連合国に対して無条件
降伏を余儀なくされ, その後, 戦後復興を成し遂げるものの国家財政が慢性的
な赤字体質に陥った時代である。

（4）　国防策が大転換された平成期及び現代の税財政分析

　防衛論争が生起し国防策が転換された平成期及び令和期は, 日本の将来を決
定する重要な分岐点として位置づけられる。例えば, 平成期は, 国際情勢の変
化に伴い海部俊樹内閣では海上自衛隊のペルシャ湾派遣と湾岸戦争時の多国籍
軍への資金提供を決定し, 宮沢喜一内閣が, PKO協力法案や自衛隊のカンボ
ジア派遣を検討し, 第二次安倍晋三内閣では, 憲法第9条の解釈変更が行われ
た。そして, 岸田文雄内閣では,「新防衛3文書」を公表し, 中華人民共和国
（以下,「中国」とする）の軍事行動への対応表記を「懸念」から「挑戦」に引
き上げたのである。

　国際法上, 集団的自衛権については, 国連憲章第51条の「個別的又は集団的
自衛の固有の権利」という条文を拠りどころとするならば,「他の国家が武力
攻撃を受けた場合, これと密接な関係にある国家が被攻撃国を援助し, 共同し
てその防衛にあたる権利」と定義され, 国連憲章が発効する以前から国際法上
の慣習として認められている。

　また, 日米の防衛協力は, 吉田　茂内閣総理大臣が日米安保条約を締結した
ことに始まり, 岸　信介内閣において「新日米安保条約」に改定されて強固な
ものになったのであるが, 日米の防衛協力は, 米国が軍隊等の人的資源を提供
し, 日本が基地及び駐留経費等の物的資源を提供するという相互関係の下に成
立している。そのため, 昭和53（1978）年以後, 日本は, 在日米軍駐留経費の
負担を目的とする「思いやり予算」を計上している。この思いやり予算につい
ては, 批判的な見解も存在する。しかし, 日本は米軍との軍事同盟を維持する
以外に選択の余地はなく, 日米の防衛協力を一種の取引に例えるならば, 思い
やり予算という取引を成立させなければ国土を防衛することが難しいのも事実
である。そして, 日本国民が「純粋公共財としての国防」を永久不滅に受益で

きると認識しているのであれば認識不足である。なぜならば，米国には，日本が多額の在日米軍駐留経費を負担しているのにも係らず，第2次アーミテージ・ナイ・レポートに代表されるように，思いやり予算を含めた日米安保における日本側の貢献が不十分であり，日米の貢献度を対等な形に改めなければならないとする批判が存在し，加えて，米国には，潜在的に海外駐留軍の撤退を目指す戦略思想である GPR（Global Posture Review：グローバルな態勢の見直し）が存在しているからである。

　また，安倍内閣が主導した経済政策は，「アベノミクス」と称され日本財界から高く評価されたが，アベノミクスは慢性化している財政赤字の再建と政府債務超過の改善を目的として大胆な金融政策，機動的な財政政策，成長戦略を三本の矢に掲げ財政赤字の解消に積極的に取り組んでおり一定の成果を挙げた。第一の矢である大胆な金融政策としては，日本銀行の黒田東彦総裁による金融緩和政策（2％のインフレ目標・無制限の量的緩和・政策金利のマイナス化・円高の是正等）が挙げられ，第二の矢である機動的な財政政策としては，国土強靱化を目指した政府主導型の大規模な公共投資と建設国債の購入及び長期保有等が挙げられ，第三の矢である成長戦略としては，積極的な人材活用（女性を活用した輝く日本・世界に勝てる若者・健康長寿社会の実現と成長産業の創造等）が挙げられる。しかし，第一の矢である大胆な金融政策は，2％のインフレ目標を達成しているとはいえず，第二の矢である機動的な財政政策も拡張性が弱く財政効果が不十分であると指摘されており，第三の矢の成長戦略に至っては将来ビジョンが見えてこない状態である。そのため，財政赤字の再建のためには，歳出の削減とともに新たな増税が求められることになり，増税に伴う財政健全化を「第四の矢」とするべきであるという提言も存在した。そのため，アベノミクスは，低迷していた日本経済を復活させたとする評価とインフレーションと高金利が日本経済の将来を危うくさせたと評価が分かれる。

　また，中国は，第二次大戦終了時点において尖閣諸島の領有問題を日本国に対して提起することなく，昭和46（1971）年になり尖閣諸島の領有を主張し始めている。そのため，中国の対応に対しては問題点を指摘することができるが，既述のように領土を巡る国家間の問題は一朝一夕に解決できる性質のものではないため，当事国間で慎重な協議を重ねることが求められ，竹島及び尖閣諸島の領有を巡る周辺諸国とのトラブルは，日本政府に対して「国防」の在り方を

再認識させる契機になった。そして，台湾有事の国際的緊張のなか岸田文雄内閣は，新防衛3文書を閣議決定し，三木武夫内閣が定めた「防衛費は，国内総生産（GDP）比1％とする」という政府方針が撤回され，令和9（2027）年までに防衛費を国内総生産（GDP）比2％に増額する方針が打ち出されたのである。

　しかし，岸田内閣の閣議決定は防衛費の増額という新たな問題を生み出し，防衛財源の確保のために税制改革が求められるのである。例えば，消費税においては，「益税問題」等が国家財政の健全化を妨げているとの指摘もあるが，益税問題解決のための効果的な方法は，帳簿方式に替えてインボイス方式を導入することである。なぜならば，インボイス方式とは，仕入れ先から送付されてきたインボイス（税額伝票）を用いて，取引業者のインボイスを分類・集計して税額控除を受ける方法であるため，事業者の売上げにおける過少申告や仕入れにおける過大申告を未然に防ぐことができるからである。勿論，消費税のインボイス制度の導入については反対意見があり，反対意見のなかには正鵠を射た見解もある。そして，法人税の問題点としては，宗教法人の脱税問題，欠損金繰越控除が生み出す赤字会社の問題や日本企業の多国籍化が招来した外国子会社合算税制，移転価格税制，過少資本税制等を巡る租税回避問題等が挙げられる。

第2節　提言：少子高齢化時代における財源確保と防衛整備

（1）財政移民貢献論に基づく移民政策と新たな財源の確保

　日本の少子高齢化は，欧米先進諸国に比べ急速に進展しており，若年労働人口の減少が顕著である[2]。例えば，厚生労働省国立社会保障・人口問題研究所の『日本の将来推計人口（平成24年1月推計）』に拠れば，図表7-1及び図表7-2に示すように，「平成22（2010）年に1億2,806万人であった日本の人口は2048年には1億人を下回り（出生・死亡共に中位推計，以下同じ），50年後の2060年には2010年時点よりも32.3％（4,100万人）少ない8,674万人まで落ち込む」と報告されているため，日本も海外諸国と同様に移民の受け入れを検討するべき時期を迎えており，少子高齢化社会が生み出す歳入の減少が日本の財政的課題である。つまり，少子高齢化は，若年労働者の不足による社会の再生産を阻

むことになり，それを埋めることが期待されているのが，「女性，前期高齢者，テクノロジーに加え移民である」という見解もある。

　実際に，移民の国家財政への貢献は広く認められており，とりわけ定住による効果が指摘されているのである[3]。しかし，少子高齢化に伴う移民の受け入れは，財政貢献や安全保障に影響を与えることが予測できるため慎重に行わなければならない。

　また，移民財政貢献論とは，「移民が受け取る財政的な受益と移民が支払う税負担に着目し，移民が財政に貢献するのかどうかでその是非を判断しようとする思考法である」[4]と説明されるが，本章では，移民の財政貢献について，租税の無償性や一般報償性の視点から論じる。まず，租税の無償性とは，「租税を支払うことにより政府から何らかの給付を受け取る権利が発生することはない」という概念であり，次いで，一般報償性とは，「納税者が租税を支払うことにより受け取れるのは個別的な補償ではなく政府の公共支出がもたらす一般的な利益である」という概念である。そして，移民財政貢献論については，財政学の視点からのアプローチは少ないが，社会学分野においては活発に議論されている。例えば，移民の受け入れに対して批判的な者は，「これまで移民を受け入れてきた先進国では，移民が財政に悪影響を与える可能性を指摘し，移民には納める税が少ない割に医療や福祉など多額の社会保障費がかかり，国全体の財政負担が増える」と主張するが必ずしも正鵠を射てるとはいえない[5]。なぜならば，移民に費やす社会保障費が財政に悪影響を与えるという考え方は，納税者が低学歴であり未資格者及び未技術者のため納税額が僅少である場合には該当するかもしれないが，高学歴であり優れた資格や技術を有することにより多額の納税額を支払うことができる場合には該当しないからである。高額の源泉所得税を負担できる納税者を増やすことは，財政を安定させ防衛財源を確保することに繋がる。そのため，移民を財政安定化の人的資源として捉えたならば，シンガポールの「外国人材受入制度」は，人口減少・少子化に苦慮する日本の参考になる。建国以来，シンガポールは中国，インド，マレー半島からの移民により国家が成り立ってきた。そして，シンガポールは早くから移民政策に力を入れ，移民を高度の専門知識を有する「外国人技能者（Foreign Talent）」と製造業，建設業，家庭内労働等の単純労働に従事する「外国人労働者（Foreign Worker）」に区分して積極的に受け入れてきた。その結果，外国

【図表7-1】　日本の将来推計人口

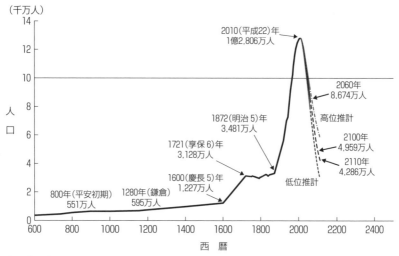

（出所）厚生労働省国立社会保障・人口問題研究所の『日本の将来推計人口（平成24年
　　　　1 月推計）』参照。

人は全人口の約 4 割を占め，そのうちの 8 割近くが就労ビザを持つ労働者であ
り，移民がシンガポールの経済成長を支えてきたのである。

　また，シンガポールの高度人材向けスキームとしては，管理職などを対象と
した「雇用パス（Employment Pass：Ｅパス）」と中高度人材向けとして「Ｓ
Pass（パス）」が存在するが，外国人労働者の雇用に当たり「外国人雇用税
（Foreign Worker Levy：FWL）」の支払いが義務づけられているため，政府収
入のなかで大きな割合を占め重要な政府財源となっているのである[6]。つまり，
シンガポールが金融や物流など様々な分野においてアジアのハブとしての地位
を確立し，世界トップクラスの経済的豊かさを実現できたのは，低技能から高
技能まで幅広い層の外国人労働者を受け入れて活用してきたためである[7]。

　しかしながら，2010年以降，シンガポールの移民政策は，外国人労働者に対
する過度な依存が国民感情を損ねるだけではなく，企業の生産性向上に向けた
投資意欲も削ぐことになるため，外国人の受入に対する積極的な姿勢を次第に
後退させ，必要な人材を厳選して積極的に受け入れるという方向に転換してき
ているのである[8]。

【図表7-2】日本の少子高齢化の進展［年齢区分人口の割合の推移（1950年〜2021年）］

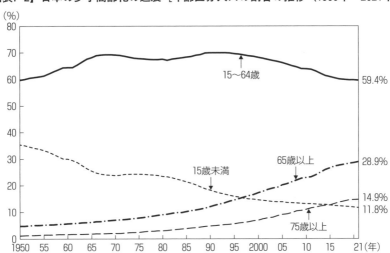

（出所）総務省統計局人口推計『令和3（2021）年10月1日現在』参照。

　日本は，シンガポールの移民政策を参考にするべきであり，若年労働者の不足を補うことを目的として安易に無条件で移民を受け入れるべきではなく，高度な専門知識を有する優れた人材を選別して迎え入れるべきである。そのため，製造業や建設業等の単純労働であれば，人口知能（以下，「AI」とする）の活用を検討するべきである。

　また，少子高齢化時代の税制としては，シンガポールで実施されている外国人労働者（移民）の雇用に当たり支払いが義務づけられており，国家財政に貢献している「外国人雇用税（Foreign Worker Levy：FWL)」も参考になる。

（2）　日英円滑協定署名と馬毛島・自衛隊施設整備の重要性

　昭和15（1940）年9月27日，日独伊三国軍事同盟（以下，「三国同盟」とする）が締結されたが，三国同盟を主導してきた立役者の松岡洋右外務大臣にとり大きな誤算は，ドイツのソ連侵攻により日独伊ソ四国協商（以下，「四国協商」とする）構想が崩れたことであった。松岡外相は，「独ソ不可侵条約」と「日ソ中立条約」を組み合わせることにより四国協商の締結を構想していたが，当時のドイツが日本にとって信頼できる防衛パートナーであったかと考えると

疑問の余地が残る。なぜならば，ドイツは，日本と交戦状態にあった中華民国国民政府（当時の中国大陸を支配していた蔣介石政権）に対して，軍事顧問団を派遣し蔣介石政権と親密な関係にあったからである。例えば，ドイツは，三国同盟の締結後に満州国の承認を宣言したが，三国同盟が存在するのにもかかわらず国民政府に対して軍需物資を提供し続けており，しかも日本側の抗議をかわすため，軍需物資の提供は他国の名義を用いて続行され中国側もドイツからの軍需物資の輸入を継続させていた[9]。

　つまり，ドイツ軍需産業界及びドイツ陸軍は，中国をタングステン等の希少金属の輸入先として重視すると共に新式武器の実験場としても重宝していたため中国との関係を絶つことができなかったのである[10]。その後，ドイツが日本の傀儡政権である汪兆銘政権を承認したことによりドイツからの蔣介石政権への軍需物資の提供は全面的に終焉を迎える。しかし，三国同盟の締結国として防衛パートナーであるべきドイツの外交姿勢は必ずしも誠意あるものとはいえない行為である。一方，日本にも，1930年代に，鮎川義介が提唱したユダヤ難民の満州国移住計画である河豚計画が存在していた。但し，日本は，三国同盟の締結に伴い河豚計画を形骸化させている。日本は，軍事同盟を尊重したのであるが，防衛パートナーを選択する際には，三国同盟の失敗と四国協商構想の挫折を教訓として選別するべきである。

　令和5（2029）年1月1日，日本は，かつて日英同盟の締結を通じて同盟関係にあった英国との間で「日英円滑協定」に署名し戦略的パートナーとして安全保障協力を推進させた。この円滑化協定は，英国軍と日本の自衛隊の相互訪問の円滑化を目的とし，共同訓練の実施や武器・弾薬等の取り扱い，事件及び事故が生じた場合の裁判権の取り決め等を協定に盛り込んでいる[11]。日本が円滑化協定を締結している相手国は，米国との間で締結されている日米地位協定を除けば，英国とオーストラリアの二ヵ国だけである。令和3（2021）年，英国海軍航空母艦のクイーン・エリザベスを中心とした水上艦や潜水艦等の空母打撃群が日本を訪問したが，米国艦船以外で日本の港湾施設（米海軍横須賀基地）に寄港した航空母艦（空母）は始めてであり，将来的には日米英三カ国の防衛同盟協定の礎となる可能性がある。なぜならば，英国の「民主的な価値観を守り，共通の脅威へ対処する」という考え方と「自由で開かれたインド太平洋」構想を掲げる日米の考え方には共通点を見い出すことができるからであ

【図表7-3】軍事費ランキング上位15ヵ国（2022年）

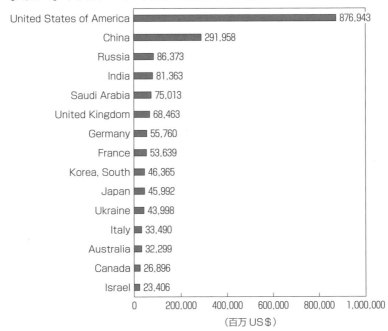

（出所）SIPRI Military Expenditure Database 2023（2023年4月23日公表）より第
一生命経済研究所作成

る[12]。

　すなわち，日米と英国にとり共通しているのはシーレーン防衛を含む海上防
衛の重要性についての認識である。シーレーン防衛の重要性は，ヨーロッパ大
陸に国土を有する国家が持ち得ない危機感であるが，日本と英国には，過去に
日英同盟を結んだ歴史的事実があり，地政学的にも周囲を海に囲まれている国
土を有するため海上防衛の重要性を共有している。そして，国家間の同盟に求
められることは，国益を共有することに加えて国家観や防衛戦略を共有するこ
とであるが，国家観や防衛戦略を共有している観点から判断したならば，日米
と英国は真の防衛パートナーに成り得る可能性を有しているのである。

　なお，軍事費ランキング上位15ヵ国（2022年）は，図表7-3に示すように米国
（第1位），英国（第6位），日本（第10位）の3か国同盟が実現すれば，潜在的
敵対勢力にとっては驚異的な軍事同盟の誕生であり，日本の安全保障において

も重要である。

　また，同盟国である米軍の航空母艦（以下，「米空母」とする）がアジア太平洋地域で恒常的に活動するためには，日本国内における FCLP（米空母艦載機陸上離着陸訓練）施設が必要であり，アジア太平洋地域における米空母の活動を確保し，日米同盟の抑止力・対処力を維持・強化するためには，図表7-4に示すように，配備地（岩国基地）から遠隔地にある硫黄島に替わる FCLP として馬毛島（種子島の西方12 km 海上の東シナ海に浮かぶ島）の存在が軍事戦略的に重要になる。そして，FCLP は，日本の「いずも型護衛艦（多機能護衛艦）」に搭載する F-35B 戦闘機の離着陸訓練においても有用な施設であり，将来的に「いずも型護衛艦（多機能護衛艦)」の馬毛島への寄港も予定している。そして，馬毛島は，米国及び NATO（北大西洋条約機：North Atlantic Treaty Organization）が設定している第一列島線（日本列島・南西諸島・南沙諸島）の防衛においても重要である（米国及び NATO が設定した第二列島線はグアム・サイパンであり，第三列島線はハワイである）。防衛省は，地元・西之表市長からの要望や住民の基地計画に対する賛否意見に留意しながら国防上の安全確保のために4年間での基地完成を予定し，更なる早期の運用開始を目指して滑走路については他の施設に先行して工事を進めている（関連予算としては，令和4年度からの3年間だけで約8,800億円が計上されている）。

　過去に，日本海軍の井上成美海軍大将は，「新軍備計画論」のなかで，「たとえ機動力の面で劣っていても脆弱な航空母艦に比べて陸上基地は不沈空母である」と主張し，「太平洋に散在する島嶼は日本にとり"天与の宝"である」と述べている。例えば，日本が滑走路がなくても着発艦ができる F-35B 戦闘機を日本列島周辺の島嶼に配置するならば，国防上の重要な防衛戦略を構築できる可能性を有する。

（3）　国家戦略としての安全保障上のシーレーン防衛の必要性

　日本のシーレーン防衛の先駆けとなったのは，中曽根康弘内閣の「中曽根航路帯」である。中曽根航路帯は，(i)日本列島の地勢的な位置付けをソ連の Tu-22M バックファイア爆撃機の侵入に対抗できるような防波堤となる「不沈空母」の存在にすること，(ii)日本列島を取り巻いている宗谷海峡，津軽海峡，対馬海峡について完全な支配権を確立し保持すること，(iii)ソ連の潜水艦やその他

【図表7-4】岩国基地から硫黄島及び馬毛島までの距離と馬毛島・自衛隊施設（完成予想図）

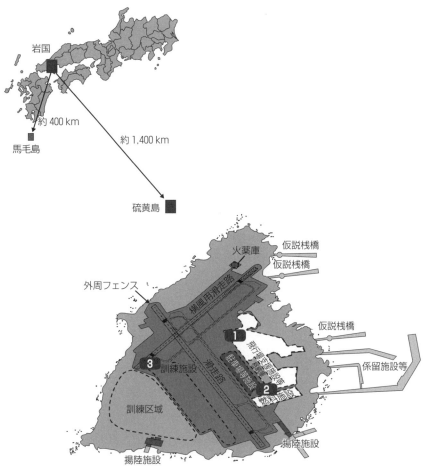

(出所）防衛省・自衛隊編，「馬毛島における自衛隊施設を整備する必要性」参照。

　の海軍艦艇による艦船の通航を許さないこと，(iv)太平洋の防衛圏を数百海里拡大することにより，グアムと東京及び台湾海峡と大阪を結ぶシーレーンの確立をなすことを四つの柱にして策定されている。

　また，シーレーン防衛の重要性は，日本がアジア太平洋戦争に学んだ戦訓である。例えば，開戦前には世界第３位の船舶保有数を数えていた日本商船団が，

【図表7-5】アジア太平洋戦争における喪失商船と戦没船員数の推移

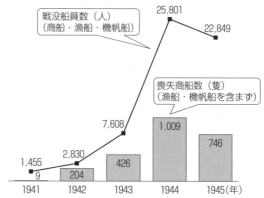

(注)　戦没船員数は暦年。1941年には開戦前（日中戦争の死者），1945年には終戦後（触雷に
　　　よる死者）を含む。喪失商船数は年度。日本殉職船員顕彰会HPをもとに作成。
(資料)　東京新聞2006.8.13（大図解）

　昭和19（1944）年には，図表7-5に示すように，喪失商船数（隻）が1,009隻で，
戦没船員数（人）も25,801人を数える。つまり，日本は，戦時中に海上護衛総
司令部を設けて商船団の護衛の任に充てるが，海上の船団護衛の重要性につい
て認識するのが遅く，海上輸送の途絶が戦争の継続を難しくしたのである。そ
のため，日本は，シーレーン防衛の重要性について強く認識し，昭和57（1982）
年頃から外洋に広がるシーレーン1,000海里防衛構想を策定し始めた。そして，
中曽根内閣は，「日本を来援する米国艦船等の日本に対する救援活動が阻害さ
れている場合に，日本側がこれを救い出すということは，領海においても公海
においても，憲法に違反しない個別的自衛権の範囲内である」[13]と述べた。次
いで，谷川和穂防衛庁長官は，「我が国に対する武力攻撃が発生し，我が国が
自衛権を行使している場合において，我が国を攻撃している相手国が，我が国
向けの物資を輸送する第三国船舶に対し，その輸送を阻止するために無差別に
攻撃を加える可能性を否定できない。そのような場合に，その物資が我が国に
対する武力攻撃を排除するため，あるいは我が国民の生存を確保するために必
要不可欠な物資であるとすれば，自衛隊が，我が国を防錆するための行動の一
環として，その攻撃を排除することは，個別的自衛権の行使の範囲に含まれる
ものと考える」[14]と述べた。つまり，日本政府は，シーレーン防衛において日

【図表7-6】海洋立国のための海洋総合力の役割分担と強調

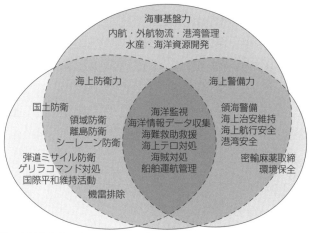

海事基盤力
内航・外航物流・港湾管理・
水産・海洋資源開発

海上防衛力

海上警備力

国土防衛
領域防衛
離島防衛
シーレーン防衛

海洋監視
海洋情報データ収集
海難救助救援
海上テロ対処
海賊対処
船舶運航管理

領海警備
海上治安維持
海上航行安全
港湾安全

弾道ミサイル防衛
ゲリラコマンド対処
国際平和維持活動
機雷排除

密輸麻薬取締
環境保全

（出所）古澤忠彦稿，「シーレーンの安全確保のために」Ocean Newsletter 第
206号（笹川平和財団 OPRI 海洋政策研究所，2009年3月5日）参照。

筆者が護衛艦に乗艦した海上自衛隊横須賀基地（2016年撮影）

【図表7-7】自衛官などの応募及び採用状況（令和3〈2021〉年度）

区分			応募者数	採用者数	倍率
一般幹部候補生		陸	2,258（　376）	174（　24）	13.0（15.7）
		海	1,165（　220）	89（　17）	13.1（12.9）
		空	1,575（　399）	70（　15）	22.5（26.6）
		計	4,998（　995）	333（　56）	15.0（17.8）
曹	技術海曹	海	76（　36）	9（　3）	8.4（12.0）
	技術空曹	空	6（　1）	1（　—　）	6.0（　—　）
航空学生		海	762（　95）	78（　5）	9.8（19.0）
		空	1,287（　159）	72（　3）	17.9（53.0）
		計	2,049（　254）	150（　8）	13.7（31.8）
一般曹候補生		陸	16,808（3,403）	4,027（　526）	4.2（　6.5）
		海	5,007（1,173）	1,510（　251）	3.3（　4.7）
		空	6,611（1,783）	913（　343）	7.2（　5.2）
		計	28,426（6,359）	6,450（1,120）	4.4（　5.7）
自衛官候補生		陸	17,509（3,479）	3,167（　683）	5.5（　5.1）
		海	4,557（　930）	673（　140）	6.8（　6.6）
		空	6,206（1,602）	1,510（　279）	4.1（　5.7）
		計	28,272（6,011）	5,350（1,102）	5.3（　5.5）
防衛大学校学生	推薦	人社	152（　56）	34（　10）	4.5（　5.6）
		理工	232（　39）	136（　20）	1.7（　2.0）
		計	384（　95）	170（　30）	2.3（　3.2）
	総合選抜	人社	119（　26）	14（　2）	8.5（13.0）
		理工	141（　22）	41（　3）	3.4（　7.3）
		計	260（　48）	55（　5）	4.7（　9.6）
	一般	人社	4,713（1,959）	60（　10）	78.6（195.9）
		理工	6,269（1,365）	203（　26）	31.0（52.5）
		計	11,009（3,324）	263（　36）	41.9（92.3）

防衛医科大学校医学科学生	5,704（1,948）	83（　22）	68.7（　88.5）
防衛医科大学校看護学科学生 （自衛官候補看護学生）	1,719（1,323）	75（　55）	22.9（　24.1）
高等工科学校 生徒　推薦	303	104	2.9
一般	1,476	237	6.2
合計	1,779	341	5.2

（注）1　（　）は女子で内数
（注）2　数値は令和3（2021）年度における自衛官などの募集にかかるものである。
（出所）防衛省『防衛白書』令和4年版参照。

【図表7-8】女性自衛官数の推移・男女別在職者推移（2018年〜2022年）

年度	2018	2019	2020	2021	2022
A　総数	226,547	227,442	232,509	230,754	227,843
B　男性	210,813	210,579	214,250	211,594	207,977
C　女性	15,734	16,863	18,259	19,160	19,866
割合（C/A）	6.9%	7.4%	7.9%	8.3%	8.7%

（出所）防衛省編，「防衛省における女性職員に関する統計資料」参照。

本支援を目的とする米軍を公海上で支援することを明言したのである。そして，日本政府は，自衛隊が得た情報の米軍に対する情報提供，教育訓練を目的とする共同演習であるリムパックへの参加，在日米軍経費負担及び極東有事の際の便宜供与等は，集団的自衛権の行使に当たらないとする解釈を示した。

　しかし，シーレーン防衛は，単なる海上防衛戦略としてだけではなく，安全保障という国家戦略の一環として捉えるべきである。なぜならば，図表7-6に示すように，海上防衛力（海自），海上警備力（海保等），海事基礎力（海運界等）が国家の強い意志で主導され三位一体となってこそ強力な海洋総合力（シーパワー）が構成され，安全な海上物流が達成されるからである[15]。

（4）AIと人間の共生が生み出す無人防衛システムの導入効果

　日本の人口動態では，15歳未満の人口減少と65歳以上の人口増加が目立つが，若年労働人口の減少は全ての職業における人材不足を招来するが，自衛隊の隊

員補充にも影響を与えることになる。令和 4 （2022）年度に募集する自衛官候補生の採用は，少子高齢化に加えロシア・ウクライナ戦争の影響もあり，防衛省の発表に拠れば，現行制度が導入された平成21（2009）年度以降で過去最低の 6 割程度の見込みであると判明したが，必ずしも応募者が少ないわけではなく，図表7-7に示すように，採用者の質的維持を保つため厳選して採用していると推測できる[16]。台湾有事の危機が迫るなかでの自衛官候補生の採用状況の悪化は，自衛隊の兵員不足を招くことになり日本防衛の危機を示している。

　しかし，自衛官を「移民」で賄うことには，たとえ日本国籍を有している者であっても愛国心の点で問題がある。そのため，女性自衛官の在籍者推移は，図表7-8に示すように増加傾向を示しながら推移しているが，今まで以上に，女性自衛官の採用数を増やすことを検討するべきであり，令和 3 （2021）年 3 月末現在で，女性自衛官数は約1.8万人（全自衛官の約7.9％）であるが，自衛官採用者に占める女性の割合を令和 3 （2021）年以降17％以上とし，令和12（2030）年までに12％以上とし，さらに，登用についても2025年度末までに佐官以上に占める女性の割合を 5 ％以上とすることを目指しているのである[17]。

　また，自衛隊は，兵員配備を必要とせず人的問題も伴わない「無人防衛システムの構築」を想定している。実際に，防衛省は，台湾有事に備えて南西諸島の離島防衛のためにイスラエル製や米国製の小型無人攻撃機を試験導入し，早ければ令和12（2025）年度から数百機程度の配備を検討している[18]。つまり，少子高齢化のために国防を担えるだけの兵員を確保することが難しければ，防衛装備品の充実と高性能化により兵員不足を補うべきであり，換言するならば，労働集約的軍隊から資本集約的軍隊への移行を目指している[19]。例えば，小型無人攻撃機以外にも，海上自衛隊のもがみ型護衛艦の乗員は，従来の護衛艦の乗務員の約 4 分の 1 に省力化されている[20]。AIの急速な進歩は，軍の指揮統制に関わる思考・判断さえも人間（軍人）に代わって行う水準にまで達しているが，AIも未経験な事態への対応は不得手であるため，軍指揮官の判断が戦場や災害現場で常に求められることになる軍（自衛隊）においては，AIと人間の共生が求められるのである[21]。

　なお，令和元（2019）年12月，米国は，陸海空軍，海兵隊，沿岸警備隊と並ぶ第 6 の軍種として，空軍省の隷下に宇宙軍（SpaceForce）を創設したが，宇宙軍創設にかかる式典において，米国のトランプ大統領は，「宇宙は最も新し

い戦闘領域である」との認識を示した[22]。日本も，米国の方針に同調し，令和4（2022）年12月16日に閣議決定した国家安全保障戦略の一環として，「宇宙の安全保障に関する総合的な取組の強化」を提唱し，航空自衛隊を航空宇宙自衛隊に名称変更する。

小　括

　東アジア諸国のなかで日本よりも人口減少のペースが速く人口減少問題が深刻なのは，大韓民国（以下，「韓国」とする）であり，図表7-9に示すように韓国の出生率は年々減少し続け世界最下位を記録している。そして，この出生率の低下は，徴兵制を義務づけている国防にも影響することになり，図表7-10に示すように2020年には2012年に比べると兵員数が大きく減少している。そのため，韓国は，1993年に日本をモデルにして開始した「産業研修生制度」を2004年に「雇用許可制」に移行し，さらに，2018年に永住を視野に入れた「熟練技能（別名：点数制）ビザ」を創設し，韓国語や技能において一定の点数を得た者に対し永住権を与え熟練外国人労働者として正式に受け入れる施策に転換しているのである。また，韓国は，移民を取り込むためにワンストップ支援センターを全国に設置してパソコンや韓国語の教育を無料で実施しており，日本は，永らく単一民族国家として移民政策に積極的でなかった韓国の移民政策の変更に学ぶべきである。

　移民財政貢献論では，社会保障費などの移民が国家から受け取る財政的な受益と源泉所得税（シンガポールの外国人雇用税も含む）などの移民が国家に支払う税金を"秤"に掛けて比較し，移民が支払う税額の方が社会保障費などに勝るならば移民は財政に貢献していると考える。例えば，少子高齢化時代の税制としては，シンガポールで実施されている外国人労働者（移民）の雇用に当たり支払いが義務づけられ，国家財政に貢献している「外国人雇用税（Foreign Worker Levy：FWL）」が参考になる。

　つまり，日本は，シンガポールの移民政策を参考にするべきである。シンガポールのように，若年労働者の不足を補うことを目的として安易に無条件で移民を受け入れるべきではなく，高度な専門知識を有する優れた人材を選別して迎え入れるべきである。そして，製造業や建設業等の単純労働であれば，AI

【図表7-9】韓国の出生数の推移（2012年〜2021年）　　　単位：人

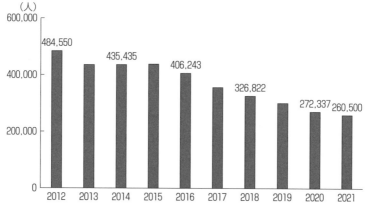

（出所）韓国統計庁人口動向調査（2022年），及び独立行政法人労働政策研究・
　　　研修機構編，「世界最下位を記録した韓国の出生率，その現状と政府の
　　　対応」参照。

【図表7-10】韓国の年間の入隊状況（2012年〜2020年）　　　単位：人

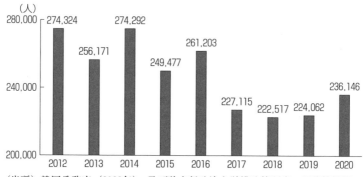

（出所）韓国兵務庁（2022年），及び独立行政法人労働政策研究・研修機構編，
　　　「世界最下位を記録した韓国の出生率，その現状と政府の対応」参照。

の活用を検討するべきである。

　また，少子高齢化問題は，国家財政に影響を与えるだけでなく，国防におい
ても重要な政治的課題となる。なぜならば，自衛隊は，少子高齢化の影響を受
けることにより人的（兵員）補充が一層厳しくなることが予測されるからであ
る。そのため，本章では，自衛隊は，女性隊員を増やし，隊員の定年年齢の延

長や再雇用を行うと共に，"国防支出の資本集約化"を進展させながら知的労働の代替を通じて「AIと人間の共生による無人防衛」を実現することを提案した。そして，ロシア・ウクライナ戦争が勃発し台湾危機が迫るなか，日本の安全保障の危機が叫ばれているが，国家戦略の視点からも海洋国家である日本は，安全保障の要となるシーレーン防衛の重要性について認識し，アジア太平洋地域における米空母の活動を確保して，日米同盟の抑止力・対処性を維持・強化しながら国家観や防衛戦略を共有する日米英の三国同盟の可能性について検討するべきである。

注

（1）　高橋杉雄稿，「『安全保障』概念の明確化とその再構築」，『防衛研究所紀要』第1巻第1号（防衛省防衛研究所，1998年6月）130・142ページ参照。

（2）　村上由美子著，『武器としての人口減社会―国際比較統計でわかる日本の強さ』（光文社新書，2016年）第1・2章参照。

（3）　安達智史稿，「リスクと移民からみる連帯の可能性」『学術の動向』（2017年）94ページ。

（4）　友原章典稿，「経済学の視点から見る『移民』」『AGU RESEARCH』（青山学院大学，2016年）参照。

（5）　掛貝祐太・早﨑成都共稿，「財政学はなぜ移民を論じるべきなのか？―隣接領域における議論の限界と「貢献論」の問題を踏まえて―」『立教経済研究』第75巻第号（立教大学，2022年3月）3・8・18-19ページに詳しい。

（6）　独立行政法人労働政策研究・研修機構編，「諸外国における外国人材受入制度―非高度人材の位置づけ―シンガポール」参照。
　　　　なお，外国人雇用税は，S　Pass（パス）のTierのFWLの支払額が330Sドルから段階的に引上げられ，2025年までに一律650Sドルへ統一される。

（7）　日本総研コンサルティングサービス編，「選別色強まるシンガポールの外国人労働者受入策」『アジア・マンスリー』（2021年4月号）参照。

（8）　同上。

（9）　北村　稔稿，「中華民国国民政府とナチス・ドイツの不思議な関係」『立命館文学』（立命館大学人文学会，2008年）201ページに詳しい。

（10）　同上，209-210ページに詳しい。

（11）　NHKホームページ「日英首脳『日英円滑化協定』に署名　安全保障協力を推進」（2023年1月12日）参照。

（12）　朝日新聞DIGITAL「英空母クイーン・エリザベス，米海軍横須賀基地に寄港，中国牽制か」（2021年9月5日）参照。

（13）　第98回国会衆議院予算委員会議禄第5号（昭和58年2月5日），及び鈴木尊紘稿，「憲法第9条と集団的自衛権―国会答弁から集団的自衛権解釈の変遷を見る―」レファレンス平成23年11月号に詳しい。

(14)　第98回国会参議院予算委員会会議禄第 6 号（昭和58年 3 月15日），及び鈴木　前掲稿に詳しい。
(15)　古澤忠彦稿，「シーレーンの安全確保のために」Ocean Newsletter 第206号（笹川平和財団 OPRI 海洋政策研究所，2009年 3 月 5 日）参照。
(16)　産経新聞（THE SANKEI NEWS）2023年 3 月26日参照。
(17)　令和 3 年版防衛白書「女性の活躍推進のための改革」参照。
(18)　讀賣新聞オンライン「攻撃型無人機，自衛隊に試験導入へ。島しょ防衛強化へ25年度以降に本格配備」（2022年 9 月14日）参照。
(19)　小野圭司稿，「人口動態と安全保障—22世紀に向けた防衛力整備と経済覇権—」『防衛研究所紀要』第19巻第 2 号（2017年 3 月）13ページ。
(20)　小野圭司著，『いま本気で考えるための日本の防衛問題入門』（河出書房新社，2023年）73ページ。
(21)　小野圭司稿，「人工知能（AI）による軍の知的労働の代替— AI と人間の共生の問題としての考察—」『防衛研究所紀要』第21巻第 2 号（2019年 3 月） 1 ページ。
(22)　『令和 2 年版　防衛白書』「解説　宇宙軍の創設」参照。

参考文献

大平善悟著，『日本の安全保障と国際法』（有信堂，1959年）
小野圭司著，『いま本気で考えるための日本の防衛問題入門』（河出書房新社，2023年）
坂中徳著，『増補版　日本型移民国家への道』（東信堂，2013年）
佐々木てる著，『複数国籍—日本の社会・制度的課題と世界の動向』（明石書店，2022年）
鳥井一半著，『国家と移民　外国人労働者と日本の未来』集英社新書（集英社，2020年）
長野　真著，『人工知能と人間』（岩波書店，1992年）
日本経済新聞社政治・外交グループ編『あなたと日本の防衛を考えたい』（日系 BP，2023年）
藤井大輔・木原大策編著，『図説日本の税制　令和 2 － 3 年度版』（財経詳報社，2022年）
村上由美子著，『武器としての人口減社会—国際比較統計でわかる日本の強さ』（光文社新書，2016）
毛受敏浩著，『人口亡国　移民で生まれ変わるニッポン』（朝日新聞出版，2023年）
依光正哲著，『日本の移民政策を考える—人口減少社会の課題』（明石書店，2005年）
渡辺延志著，『虚妄の三国同盟』（岩波書店。2013年）
防衛省『防衛白書』令和 3 年版・令和 4 年版

事項索引

青色申告制度 ······················98
明石元二郎 ····················29, 67
赤字国債 ·······················76, 88
赤字法人 ··························161
アジア・太平洋戦争 ················45
アダム・スミス（Adam Smith）········16
安倍晋三 ·······················116, 121
アベノミクス ···············116, 121, 185
安全保障条約 ·······················92
池田勇人 ·······················92, 97
石原莞爾 ···························32
移転価格税制 ······················165
伊藤博文 ·······················22, 33, 71
井上準之助 ·····················76, 111
移民財政貢献論 ····················187
移民政策 ·························186
宇垣一成 ···························63
宇野宗佑 ··························107
受取配当等益金不算入制度 ···········24
営業税 ·····························58
オイル・ショック ···················87
大隈重信 ···························18
沖縄返還協定 ·······················96
おもいやり予算 ····················148

海軍兵学校 ·························41
外国子会社合算税制 ················164
過少資本税制 ······················166
加藤高明 ···························63
樺太千島交換条約 ···················45
環境税 ····························131

神田孝平 ···························16
岸田文雄 ·······················142, 184
岸　信介 ·····················96, 116, 183
寄附金の損金不算入制度 ············173
義和団の乱 ·························25
グループ通算制度 ··················163
軍功華族 ···························33
経済安定9原則 ·····················84
警察予備隊 ·························92
ケインズ（John Maynard Keynes）····144
欠損金繰越控除 ···············129, 160
建設国債 ···························89
憲兵警察制度 ·······················71
玄洋社 ····························32
公益法人等への課税 ················160
公共財 ·························132, 144
交際費 ····························173
国際連盟 ···························77
国民所得倍増計画 ···················97
児玉源太郎 ·························34
後藤新平 ·······················34, 67
米騒動 ····························69

西郷隆盛 ·······················18, 52
財産評価基本通達 ··················169
財政移民貢献論 ····················186
財政投融資 ························146
財政投融資計画 ····················146
財政投融資特別会計 ················147
財政民主主義 ·······················88
財閥資本 ···························78

佐藤栄作 …………………………97, 116
三国干渉（遼東還付条約）……………33
サンフランシスコ平和（講和）条約
　………………………………116, 137
シーメンス海軍贈収賄事件 …………58
シーレーン防衛 ………………………192
自衛隊 …………………………182, 189
事業承継税制 …………………………109
市場の失敗 ……………………………132
支那事変特別税法 ………………………78
幣原喜重郎 ………………………………70
支払猶予令（モラトリアム）…60, 111, 181
シベリア出兵 …………………………60, 180
シャウプ（C. S. Shoup）……………75, 113
シャウプ使節団日本税制報告書
　…………………………75, 98, 183
宗教法人 ………………………………157
十五年戦争 ………………………………78
酒税 ……………………………………2, 24
集団的自衛権 …………………………117
所得税の累進課税 ………………………26
所得倍増計画 …………………………97, 183
昭和恐慌 ……………………76, 110, 181
消費税インボイス方式 ………150, 186
消費税の益税問題 ……………150, 186
壬午事変 …………………………………21
人頭税 ……………………………………50
砂川事件 ………………………………119
税理士制度 ………………………………99
西南戦争 …………………………18, 52
尖閣諸島 …………………47, 137, 171
戦時利得税（成金税）…………………59
相続税 …………………………………100
贈与税 …………………………………100
租税回避地（Tax Haven）……………164
租税条約 ………………………………167
租税法律主義 …………………………91, 104

尊皇攘夷運動 ……………………………11
第一次世界大戦 ……………44, 58, 69
対華二十一ヵ条の要求 …………………57
大東亜会議 ………………………………83
泰平組合 …………………………………44
台湾事件 …………………………………20
台湾総督府 ………………………………34
高橋是清 …………………76, 111, 182
タックスヘイブン ……………………164
田中角栄 …………………98, 116, 183
田中義一 …………………60, 111, 181
治安維持法 ………………………………69
地価税 ……………………………………88
地租改正 ………………………2, 10, 14, 178
地方公会計 ……………………………125
地方交付税の不交付団体 ……………142
朝鮮総督府 ………………………………36
朝鮮特需 …………………………75, 84
デット・プッシュ・ダウン方式 ………166
寺内正毅 …………………………44, 69
特例国債（赤字国債）…………………88
ドッジ・ライン（Dodge Line）…75, 84, 182
トリーティーショッピング ……………167
取引相場のない株式（非上場会社株式）
　…………………………109, 170

内部留保金 ……………………………172
中曽根康弘・中曽根航路帯 …………192
南進論・南洋庁 …………………45, 65
日英同盟 …………………………………35
日韓基本条約 …………………………116
日清戦争 …………………19, 28, 33, 178
日清講和条約（下関条約）……………33
日ソ基本条約 ……………………………69
日中・アジア太平洋戦争 ………76, 82, 181
日独伊三国同盟 ………………………189

日米安全保障条約 ……………………92
日露戦争 ………………… 24, 29, 33, 178
日露講和条約（ポーツマス条約）………33
二・二六事件 …………………………77
日本列島改造論 ………………………97

廃藩置県 ………………………………47
バブル景気 ……………………… 75, 87
原　敬 ………………………………65
PKO 法 ………………………………117
ピグー税 ……………………………131
付加価値税 …………………………150
復興債 ………………………………90
富裕税 ………………………………98
プラザ合意（Plaza Accord）…………87
ふるさと納税 ………………………126
法定外税 ……………………………124
法定相続分課税方式 ………………100

マイナンバー制度 …………………129
松岡洋右 ……………………………189
松方正義 ……………………………18

満州国 ………………………………77
三木武夫 ……………………………142
陸奥宗光 ………………………… 16, 33
明治維新 ……………………………11
明治憲法 ……………………………103
明治十四年の政変 ……………… 19, 52

山縣有朋 ……………………………25
山梨半造 ……………………………63
由利公正 ……………………………18
吉田　茂 ………………………116, 182

陸軍機密費事件 ……………………60
陸軍士官学校 ………………………40
リットン調査団の報告書 ……………77
琉球処分 ……………………………47
臨時軍事費特別会計 ………… 19, 55, 61
ルーブル合意（Louvre Agreement）……87

若槻礼次郎 ………………… 60, 111, 181
ワシントン海軍軍縮条約 ……………65
湾岸戦争 ……………………………117

執筆者紹介

高沢修一（たかさわしゅういち）

現在
　大東文化学園理事・評議員　経営学部長
　大東文化大学経営学部教授　博士（経営学）
　（注）2024年3月31日時点

兼職
　フェリス女学院大学非常勤講師
　高沢修一税理士事務所所長

単著
　『事業承継の会計と税務』（森山書店，2008年）
　『ファミリービジネスの承継と税務』（森山書店，2016年）
　『法人税法会計論（第3版）』（森山書店，2017年）
　『韓国財閥のファミリービジネス（第2版）』（財経詳報社，2022年）　他

共著
　『現代マネジメントの基礎』（財経詳報社，2023年）　他

社会貢献
　防衛省自衛隊東京地方協力本部から感謝状を授与される（2020年12月4日）
　国税庁から納税表彰・板橋税務署長表彰を授与される（2021年11月24日）

日本の安全保障と税制・財政

令和6年4月11日　初版発行

著　者　髙　沢　修　一

発行者　宮　本　弘　明

発行所　株式会社　財経詳報社

〒103-0013　東京都中央区日本橋人形町1-7-10
電　話　03（3661）5266（代）
ＦＡＸ　03（3661）5268
http://www.zaik.jp
振替口座　00170-8-26500

落丁・乱丁はお取り替えいたします。

印刷・製本　創栄図書印刷